Rainbow series
the RED

the RED 예쁨 여행

김수진 김애진 정은주

무조건 지금 떠나는 개인 취향 여행
Rainbow series

여가로운삶

contents

the RED ·
예쁨 여행 메인 장소

more RED ·
메인 장소를 더 예쁘게 즐길 팁

another RED ·
메인 장소가 있는 지역에 또 다른 예쁨 여행지

QR 코드
메인 장소의 전용 홈페이지나 그 지역의 문화관광 홈페이지
(관련 홈페이지나 인터넷 정보가 없는 곳은 제외)

·

우린 이다음 여행을 더 응원해
그래도 무조건
예쁨 여행

——

the RED 예쁨 여행은
바로 느껴지는 예쁨
언제 가도 볼 수 있는 예쁨
누구와 함께여도 상관없는 예쁨 여행을 소개해요.

그곳에 가야 하는 수많은 이유 중에 하나!
바쁘고 힘든 일상에서 잠시 벗어난 여행에 진지할 필요 없어요.

대한민국의 예쁘고 예쁜 장소 중에
도착하자마자, 계절에 상관없이, 혼자여도 함께여도
가볍게 가기 쉽고 늘 예쁜 33 더하기 66곳을 엄선했어요.

the RED 예쁨 여행과 함께
예쁘고 가볍게 지금 떠나요.

강릉
하슬라아트월드

·

바다와 산이 만나는
아름다운 자연 속에 가꾼
궁극의 예술 공간

자연이 예술을
예술이 자연을
서로 보듬어
더욱 빛나는 이곳

—

#바다옆미술관 #사진찍다지침 #자연과예술로눈호강
#바다뷰 #원형포토존 #예술은어렵지않아

하슬라아트월드

강원 강릉시 강동면 율곡로 1441
033-644-9411

the RED · 빨강, 보라, 파랑 등 시시각각 색이 바뀌는 어두컴컴한 터널을 지나면 눈부신 바다가 펼쳐지고, 바다가 보이는 언덕에는 빌렌도르프의 비너스가 늘어섰다. 어느 모퉁이에서 화려한 꽃으로 장식한 벽이 등장하고, 좁은 벽 사이를 통과하면 세상 다양한 피노키오와 당장이라도 움직일 것 같은 마리오네트를 마주한다. 하슬라아트월드에 정형화된 틀이나 동선 따위는 없다. 전시 형태나 각 공간을 잇는 통로가 아주 자유롭다. 이 길 끝에 어떤 공간이 있을지, 어디서 어떤 작품을 만날지 모른다. 색다름과 자유로움이 더 큰 감동과 감흥을 안기기도 한다.

이곳을 돋보이게 하는 주요소 가운데 조각공원이 있다. 바다가 시원하게 내려다보이는 드넓은 언덕에 작품이 전시된다. 산길을 걷고 시시때때로 바다도 바라본다. 틈틈이 자연을 눈에 담는 휴식 시간이 주어지니 작품 감상에 더욱 집중하게 된다. 정해진 틀 안에서 작품만 보라고 강요하지 않아 좋다. 하슬라아트월드에서 즐겁고 편안하게 예술에 다가가는 이유다.

more RED · 요즘 하슬라아트월드는 사진 맛집으로 꼽힌다. 사진 찍기 좋은 포인트가 가득한데, 돌벽에 바다가 보이도록 만든 원형 포토 존이 가장 인기다. 하슬라아트월드를 방문한 사람 모두 사진 찍고 가는 곳. 줄 서서 기다려야 할 때도 많다.

하슬라아트월드는 호텔, 카페, 레스토랑 등 편의 시설도 갖췄다. 호텔은 전 객실에서 바다가 보이고, 침대와 욕조를 예술가가 만든 작품으로 비치해 이곳의 특색을 제대로 느끼며 하룻밤 묵을 수 있다. 카페는 미술관 실내와 조각공원 입구에 있으니 취향에 따라 이용하면 된다.

another RED •

예쁜 거 옆에 예쁜 거, 르봉마젤

강릉 도심에 파리의 어느 부분을 옮겨놓은 듯한 건물이 있다. 차분한 화이트 톤 건물에 들어서는 순간, 파리로 공간 이동한 느낌이다. 예쁜 그릇과 잔, 키친 클로스 등 유럽 스타일 소품이 가득하다. 집 꾸미기에 전혀 관심 없는 사람조차 쇼핑 욕구가 샘솟게 하는 매력의 공간이다. 카페도 함께 운영하며 2층에 자리가 있다. 하얀 커튼이 하늘하늘 드리워진 창가에 앉아 샹송을 들으며 커피를 홀짝거리면 잠시나마 파리 여행자가 된 기분이다.

강원 강릉시 임영로180번길 16 | 070-7543-1855
www.instagram.com/lebonmasel

스며들고 싶은 동네, 명주동

한때 강릉의 행정 중심지였으나 그 명성을 내준 지 오래다. 빛바랜 동네는 이제 강릉의 관광 명소로 사랑받는다. 아날로그 풍경을 간직한 동네에 여행자가 모여드는 이유는 '신상' 명소가 감히 넘볼 수 없는 세월의 힘 때문이다. 세월이 켜켜이 쌓인 독특한 분위기가 있다. 오래된 주택과 골목이 어딘가 포근하고 다정하다. 옛 방앗간을 리모델링한 '봉봉방앗간', 적산 가옥을 개조한 '오월커피' 등 명주동다운 카페도 여행에 맛을 더한다. 근대 의상을 빌려 입고 골목에서 색다른 추억을 남겨보자.

강원 강릉시 경강로2024번길 20 | 033-642-8692(강릉역관광안내소)

고성
상족암 해식동굴

•

고요한 바다와 높고 파란 하늘 아래
억만년을 지나온 아득한 세월이 있다

해와 달이 뜨고 지기를 끝없이 반복하고
바람과 구름이 영원히 흐르는 그곳에

태초의 시간이 흐르는 동굴이 있다

—

#해식동굴 #상족암군립공원 #바다산책 #실루엣샷

상족암군립공원

경남 고성군 하이면 덕명5길 42-23(상족암군립공원)
055-670-4461

the RED · 깎아지른 바닷가 절벽 아래 작은 동굴들이 숨어 있다. 이곳 절벽이 특별한 까닭이다. 고운 모래톱 대신 단단한 암반을 기웃거리다 찾은 입구는 시간이 비틀린 틈새처럼 보인다. 밝음과 어둠이 극명하게 갈린 공간에 살며시 발을 들인다. 거친 질감을 덧입힌 동굴 안은 이질적이면서도 안온하다. 마치 태곳적 자연이 빚은 어머니의 품처럼. 뒤돌아선 순간, 눈앞에 신비로운 풍경이 펼쳐진다. 하늘과 바다 사이에 늘어선 섬들이 검은 도화지에 오려 붙인 듯 선명한 대비를 이룬다. 동굴에 들어서기 전에 본 풍경이지만 뭔가 다른 느낌이다. 동굴 안팎의 시간이 다르게 흐르는 건 아닐까. 혼자만의 착각에 빠진 시간, 그 속에 나를 담아본다.

more RED · 동굴 사진을 제대로 찍으려면 썰물 때 가야 한다. 간조에 노을이 지면 금상첨화다. 옅은 오렌지빛으로 물든 하늘과 바다가 보정도 필요 없을 만큼 근사한 장면을 연출한다. 너른 암반 지대에는 억만년 전 이곳에 살던 공룡의 발자국이 선명하며, 크고 작은 웅덩이가 머나먼 시간을 상상하게 한다. 상족암까지 덱으로 이어진 해안 산책로도 낭만적이다.

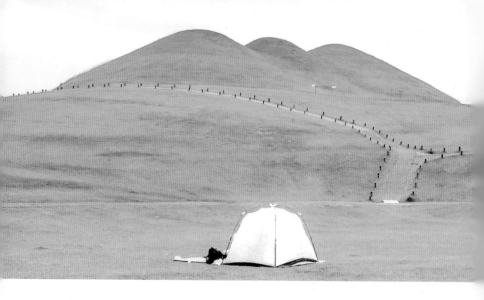

another RED •

시간을 거슬러 오르는 언덕, 고성 송학동 고분군

까마득한 옛적, 아스라이 사라져간 시대가 남긴 유산이다. 봉긋한 고분군 아래 소가
야의 찬란한 시간이 묻혀 있다. 과거의 언덕에 올라 부드러운 곡선 사이를 걷는다.
유려한 곡선이 만들어낸 아련하고 고즈넉한 분위기가 차분히 스민다. 먼 훗날 희미
한 기억으로 남을지라도 이 순간만은 아름다운 찰나에 취하고 싶다. 송학동 고분군
을 비롯해 인근 지역에 산재한 가야 고분군은 유네스코 세계유산 등재가 기대된다.
세계인이 반할 날도 얼마 남지 않았다.

경남 고성군 고성읍 송학리 470

숲길 따라 우아한 산책, 그레이스정원

한 여인이 15년 동안 정성껏 가꿔온 숲속 정원이다. 숲에 들어서면 오솔길 따라 핀
꽃이 화사한 미소로 반기고, 늘어선 나무가 푸르른 인사를 보낸다. 정원에는 언제나
맑은 물이 흐르고 새들이 지저귀는 소리가 노래처럼 들려온다. 여름철은 수국이 아
름답기로 유명하다. 모양도 빛깔도 다양한 수국이 곳곳에 꽃동산을 이룬다. 숲속 카
페에서 차 한 잔 마시며 건강한 쉼을 누려보자.

경남 고성군 상리면 삼상로 1312-71 | 055-673-1803
www.gracegarden.co.kr

고성
아야진해변

·

1년 365일
무지개가 뜨는 해변

날이 좋아서
날이 좋지 않아서
날이 적당해서

모든 날이 무지갯빛

—

#무지개포토존 #요즘뜨는해변 #사진찍기좋은해변
#무지개해안도로 #갯바위는신비로워 #등대도예뻐

아야진해수욕장

강원 고성군 토성면 아야진해변길 157
033-680-3369(고성군청 관광과)

the RED · 에메랄드빛 바다와 곱디고운 모래톱이 나란히 눕는다. 세월에 깎이고 깎여 선이 동글동글해진 갯바위가 바다와 모래톱을 베개 삼아 누워 있다. 동해안 여느 해변과 크게 다르지 않았을 법한 아야진해변 풍경이 널찍하고 평평한 갯바위 덕에 특별해진다. 바다와 모래톱만 있었다면 밋밋했을지도 모를 풍경이 갯바위를 만나 진한 기억을 남긴다.

이곳은 한쪽은 모래 해변, 다른 한쪽은 바위 해변이다. 바다는 갯바위와 백사장, 어느 영역에서 바라보느냐에 따라 다르게 다가온다. 같은 바다가 때로는 갯바위 사이로 세차게, 때로는 모래 위로 보드랍게 다른 모습을 보여준다. 이곳에서는 어떤 바다를 그려봐도 다 괜찮을 듯하다.

more RED · 요즈음 아야진해변은 '무지개 해변'이라고 불린다. 무지갯빛 경계석을 설치해 무지개 해안도로를 조성했기 때문이다. 덕분에 해변이 더욱 화사해졌고, 사진 찍기 좋은 곳으로 인기를 얻고 있다. 무지갯빛 경계석과 '아야진해변'이라는 글자가 어우러진 포토 존도 마련했다.

무지개 해안도로를 따라 조성한 산책로를 걸어 아야진항까지 가보자. 고기잡이배가 드나드는 생동감 넘치는 포구는 해변과 또 다른 정취를 자아낸다. 빨간 등대와 하얀 등대가 어우러져 운치 있다.

another RED •

〈빨강 머리 앤〉을 사랑하던 당신을 위한, 앤트리카페

'만찢남'이 아니라 '만찢집'이다. 애니메이션 〈빨강 머리 앤〉에서 튀어나온 듯한 초록 지붕 집이 눈앞에 있다. 싱크로율 100퍼센트라 당장이라도 앤이 문을 열고 나올 것만 같다. 〈빨강 머리 앤〉 팬인 자매가 초록 지붕 집과 앤이 다니던 교회를 모티프로 만들었다. 교회 건물을 카페로 사용한다. 내부도 앤이 살던 시대를 연상케 하는 앤티크 가구와 소품으로 꾸며 애니메이션으로 쏙 들어온 느낌이다. 한때 〈빨강 머리 앤〉을 좋아한 사람이라면 무조건 가봐야 할 공간이다.

강원 고성군 죽왕면 자작도선사1길 18-1 | 0507-1436-0552
www.instagram.com/annetree_cafe

집에 데려가고 싶은 소품이 가득, 도자기별

아기자기한 도자 소품이 가득한 곳이다. 매장에 들어서자마자 황홀한 바다 전망, 바람에 흔들리는 자개 모빌과 풍경의 청아한 소리에 마음을 빼앗기고 만다. 여기에 예쁜 소품까지 구경하다 보면 정신이 혼미해진다. 고성 바다를 기억하기 좋은 기념품과 인근 속초를 담은 기념품도 있다. 바다를 닮은 모빌과 풍경, 다채로운 도자 마그넷 등이 대표 상품이다. 소품도 공간도 참 예쁘다. '바다멍' 하며 쉬기 좋은 카페를 겸한다. 그냥 가기 아쉽다면 커피 한잔 마시며 아쉬움을 달래보자.

강원 고성군 토성면 토성로 68 | 033-638-0853
www.instagram.com/dojagibyeol

광주
펭귄마을

•

어르신은 뒤뚱뒤뚱
펭귄처럼 뒤뚱뒤뚱

펭귄 덕분에
갑자기 남극 걱정

그러니까
마을 어르신 덕분

—

#갈수록예뻐짐 #쓰레기버리지말자 #시간을아끼자
#올뉴새마을운동 #갑자기환경걱정

펭귄마을

광주 남구 천변좌로446번길 7
062-674-5708

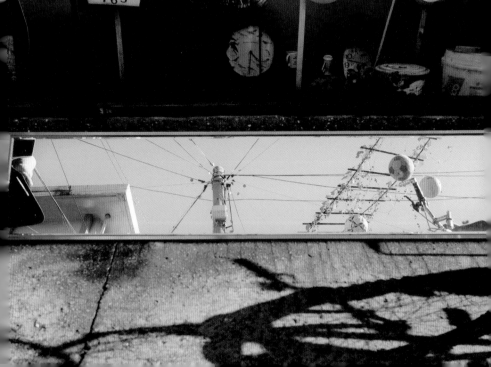

the RED · 2016년이었나, 펭귄마을에 처음 갔을 때 무슨 쓰레기를 이리도 정성스레 모아뒀을까 싶었다. 골목 안쪽으로 들어설수록 쓰레기가 못 쓰는 물건이 아니라 볼 만한 작품이라고 느껴졌다. 다시 찾은 마을은 쓰레기를 활용한 작품을 훨씬 더 체계적이고 깨끗하게 보여준다.

화재를 당한 뒤 주민이 합심하여 만들기 시작했다는 펭귄마을. 그 힘 덕분일 테다. 흘러간 세월에 노쇠한 관절, 그래도 걸어가는 하루하루가 쌓인 결과물이다. '차.카.게. 살자.' 우스꽝스러우면서 짠한, 어느 영화 속 어둠의 세계에서 방황하는 등장인물의 타투 문구가 떠오른다. 시간을 귀하게 여기고 환경을 조금 더 생각하며 살자! '칙하게' 실아아겠다. 펭귄을 보며, 어르신을 만나며, 골목을 지나며 기억하기로 한다.

more RED · 펭귄마을이 자리한 양림동은 근대 건축물이 많은 역사문화마을이다. 한옥과 양옥이 어우러진 골목이 멋스럽고, 중간중간 만나는 리뉴얼한 가게도 매력적이다. 사직공원전망타워에 올라 무등산 아래 광주 시내를 보고, 호남신학대학교 안에 있는 우일선선교사사택(광주기념물) 앞에서 기념 촬영도 하자.

another RED •

부티 나는 여기는 광주 동리단길

전국에 '○○리단길'이 생기면서 동명동 카페거리가 동리단길로 불리기 시작했다.
동명동은 1970년대부터 부자 마을이었다. 그래서인지 잘 알려진 광주의 다른 골목
이나 거리와 달리 동리단길은 현대식 건물이 더 많다. 카페와 식당 역시 세련미가
넘친다. 건물 외부도 알록달록, 내부에서 판매하는 먹거리와 물건도 곱디곱다. 또
다른 매력을 자랑하는 대구 동리단길도 있으니 헷갈리지 말자.

광주 동구 동명동 292 일원

조용히 오르는 언덕의 일상, 청춘발산마을

도시 재생 사업으로 조성된 언덕 마을이다. 주민이 대부분 어르신이었지만, 도시 재생 사업 이후 청년들이 터를 잡고 마을 곳곳에 색을 입혔다. 108계단을 지나 발산마을전망대까지 오르면 주택 사이사이 짓궂고 사랑스러운 벽화와 조형물을 볼 수 있다. 방직공장에 다니는 처녀들이 지내던 마을, 이곳에서 삶을 이어간 소녀는 어느새 백발노인이 됐다. 색색 옷을 입은 주택 벽에 새겨진 문구에 가슴이 뭉클하다.

광주 서구 천변좌로 12-16 | 062-464-0020
www.bal-san.com

논산
강경구락부

•

모단 걸과 모단 보이가
말을 건넬 것만 같은
타임머신 없이 떠나는
시간 여행

—

#근대문화거리 #모단걸 #모단보이
#뉴트로감성 #시간여행 #타임슬립

강경역사관

충남 논산시 강경읍 계백로167번길 46-11
041-746-5405(논산시청 관광과)

the RED · 붉은 벽돌로 지은 강경역사관 뒤쪽, 태엽을 거꾸로 감은 강경구락부가 있다. 아담한 광장을 둘러싼 이채로운 풍경이 시간을 훌쩍 뛰어넘어 개화기로 되돌린다. 옛 건축양식을 본뜬 뉴트로 감성의 건축물이 모인 이곳. 드라마 세트장처럼 아기자 기한 분위기에 금세 빠져든다.

단층 건물에 독특한 서체로 쓴 '커-피하우스' 간판이 취향 저격이다. 문을 열고 들 어서는 순간, 시간은 거꾸로 돌아간다. 반짝이는 은쟁반에 놓인 갓 구운 빵과 커피, 찻잔이 복고적인 인테리어를 완성한다. 우아한 반원형 건물에 근사한 연회장이 떠오른다. 격자무늬 유리창 너머로 모단 걸과 모단 보이들이 파티를 즐기는 모습이 겹쳐 보인다. 강경호텔은 타임 슬립을 마무리하는 매력적인 장소다. 화려한 서양식 객실과 단정한 다다미 객실에서 하룻밤 묵는 동안 시간은 제자리로 돌아온다.

more RED • 어둠이 내리면 강경구락부는 더욱 몽환적인 분위기를 풍긴다. 가로등 불빛에 은은히 비치는 모습이 옛 시절을 상상하게 한다. 강경구락부의 대문 격인 강경역사관도 둘러볼 만하다. 강경의 과거와 조우하는 공간이다. 옛 사진과 자료, 갖가지 물건이 흥미를 돋운다.

밤낮으로 반짝이는 탑정호출렁다리

논산을 빛내는 랜드마크다. 푸른 물길을 가로지른 출렁다리가 흰 돛처럼 날렵하다. 충남에서 두 번째로 넓은 호수라더니, 그곳을 가로지른 다리가 길고도 길다. 호수 한가운데 고급 휴양지를 그대로 옮겨놓은 듯 로맨틱한 쉼터까지 마련했다. 철 그물과 나무 덱을 교차해 만든 다리는 한 걸음 뗄 때마다 호기심과 아찔함 사이를 오간다. 어둠이 내리면 화려한 빛이 출렁다리를 감싼다. 호수의 반영이 황홀해 밤이 깊도록 자리를 뜨기 힘들다.

충남 논산시 가야곡면 종연리 155 | 041-746-6645

따스하고 아름다운 그 숲, 온빛자연휴양림

이름부터 따스한 기운이 느껴지는 자그마하고 아름다운 숲이다. 메타세쿼이아가 늘어선 오솔길은 유럽의 어느 시골길이 떠오른다. 푸른 여름도 좋지만, 잎을 다 떨궈 나무 모양이 드러나는 겨울도 매력적이다. 숲길에 오르면 서정적인 풍경이 기다린다. 동화책을 펼친 듯 자그마한 호수 너머로 노란색 별장이 모습을 드러낸다. 별장 건물 앞에서 드라마 〈그해 우리는〉을 촬영했다. 누군가 이곳에 '2초 스위스'란 별명을 붙였는데, 고개가 절로 끄덕여진다. 숲속에 전시된 조각 작품이 특별한 정취를 더한다.

충남 논산시 벌곡면 황룡재로 480-113

당진
아미미술관

•

하얗게 칠한 폐교는
도화지가 되고
미술관을 감싸는 자연은
계절 따라 바뀌는 물감이 된다

모든 것이 조화로운
위대한 작품

—

#아미는친구 #자연공간작품 #폐교미술관 #벌써십이년

아미미술관

충남 당진시 순성면 남부로 753-4
041-353-1555

the RED · 아미미술관은 폐교를 개조한 미술관이다. 벌써 그 나이 열두 살이다. 미술관으로 탈바꿈할 때 새하얀 옷을 갈아입은 건물과 10년 새 더욱 풍성해진 숲이 본래의 모습인 듯 조화롭다.

입구부터 숲길, 건물과 주변, 그 위 산책로까지 지나온 시간만큼 우아한 아름다움이 계절마다 넘친다. 학교 건물이었다는 사실을 잊을 만큼 현대적이고 감각적인 동시대 미술 작품이 그 안에 전시된다. 교실을 지나 삐거덕거리는 복도를 걸어, 작품과 동화되는 시간마저 예술이다. 자연과 시간, 예술과 공간이 만든 아트 월드다. 규모는 그리 크지 않지만, 머무는 시간은 무한으로 커질 수 있다.

본 건물 위쪽에 자리한 아트 굿즈 편집 숍 '메종드아미'에서 조화로운 아름다움에 관한 감흥을 되새긴다. 마치 다음 경험을 선사하듯 이어지는 언덕 숲길 산책으로 자연과 어우러진 작품 감상을 차분히 마무리하면 좋다.

more RED • 아미미술관은 잘 알려진 촬영 장소다. 입장권을 살 때 매표소 직원이 촬영이 가능한 공간을 알려준다. 촬영이 불가한 작품은 마음 깊은 곳에 새기기를 당부한다. 미술관 안팎에서도 충분히 예쁜 사진을 찍을 수 있다. 긴 복도와 교실 문, 교실 안 네모반듯한 창틀, 창 너머 계절 색 가득한 풍경 등 스튜디오를 통째로 빌려 촬영하는 것 같은 효과가 있다. 머무는 시간을 넉넉히 잡고, 오가는 고양이까지 놓치지 말고 인생 사진을 남기자. 하나 더! 오후에 교실 안으로 햇살이 가득 들어온다.

another RED •

딱 이곳만의 대관람차 풍경, 삽교호놀이동산

삽교호놀이동산은 오래전부터 운영했지만, 그 독특한 풍경이 사람들을 불러 모으기 시작한 것은 얼마 되지 않았다. 푸르거나 갈색이나 흰 눈빛으로 사계절 모습을 달리 하는 너른 논밭 위로 둥근 대관람차가 돌아가는 풍경 덕분이다. 한국적이면서 이국 적인 느낌을 선사하는 인기 포토 존이다.

충남 당진시 신평면 삽교천3길 15 | 041-363-4589
www.sghland.com

이보다 성스러울 수 없는 신리성지

신리성지는 광장에서 산책하며 명상할 수 있는 공간이다. 누군가에게는 성지순례의
길이지만, 시간이 축적되고 자연이 보듬어준 곳곳은 사진 속에 작품으로 남겨도 좋다.
하늘과 땅은 날마다 다른 모습을 보여준다. 그곳에 잠시 머무는 것만으로 위로가 된다.
그래도 쉿! 성지순례로 찾아온 사람들이 있으니, 차분한 여행을 권한다.

충남 당진시 합덕읍 평야6로 135 | 041-363-1359
www.sinri.or.kr

동두천
니지모리스튜디오

•

당신이 그랬잖아
우동 먹으러 일본 간다는 사람
부럽다고

가자
지금

—

#입장료2만원 #주차비도별도 #그러니인생사진100만장
#소품하나하나촬영소품 #의상체험 #음식체험 #그냥산책도오케이

니지모리스튜디오

경기 동두천시 천보산로 567-12

the RED · 친구가 보낸 사진 한 장. '이 시국에 일본 갔어?' 돌아오지 않는 답변에 궁금증과 걱정이 일었다. 잠시 후 받은 또 다른 사진은 친구가 한국에 있다는 사실을 분명히 보여줬다. 시대별·나라별 갖가지 테마 스튜디오가 전국에 자리한다. 덕분에 많은 이가 해외로 나가지 못하는 아쉬움을 국내에서 달랜다. 조금 어설프고 억지스러운 테마 스튜디오라지만, 잠시나마 외국 분위기를 내는 것으로 만족한다. 무엇보다 사진 촬영을 위한 걸음으로 충분하다.

경기도 동두천의 니지모리스튜디오는 작정하고 에도시대를 재현했다. 영화와 드라마 촬영을 위해 기획하고 지었는데, 모든 공간을 실제 건물로 사용한다. 잡화점, 라멘집, 스시 전문점, 카페, 골동품 가게, 의상실, 포장마차까지 모두 일본풍이고 개성이 뚜렷해 매장 하나하나가 볼거리다. 한때 유행하던 "우동 먹으러 일본 갔다 올게"라는 말처럼 가볍고 쉽게 일본인 척 머물기 좋다. 진짜가 아니면 어떤가. 그 순간 행복하면 됐지!

more RED · 거리 풍경과 산책로, 중간중간 설치된 포토 존, 열린 공간으로 운영하는 난로방과 다다미방, 모형 인력거와 우편함… 어느 곳 하나 빠짐없이 촬영 장소이자 소품이다. 가로등이 켜지는 시간대에 방문하기를 추천한다. 일본 분위기가 물씬 풍긴다. 입장료 2만 원(주차료 별도). 입구를 지나 늘어선 매장마다 비용이 든다. 안전을 위해 반려동물과 미성년자는 출입이 불가하다.

another RED •

해외 한인 거리인 줄, 동두천시외국인관광특구

수도권 전철 1호선 보산역 인근에 조성한 거리다. 한국에 살거나 여행 온 외국인을 위한 관광특구지만, 내국인에게는 외국에서 만나는 한인 거리 같은 느낌으로 다가온다. 보산역 광장 기둥과 생연음식문화거리 건물 외벽에 있는 그라피티 덕분이다. 외국어와 한국어를 병기한 외국 음식 전문점의 간판도 한몫한다. 한국인 못지않게 자주 마주치는 외국인이 이국적 분위기를 더한다. 3~11월 오후 6시부터 보산역 앞에서 월드푸드스트리트가 열린다.

경기 동두천시 평화로 2539(보산역) | 031-860-2114(동두천시청)

미군 용품 구경해요, 애신시장(양키시장)

동두천 중심가에는 중앙시장을 비롯해 여러 시장이 한데 모여 있다. 1960년대부터
자리한 시장들이 지금까지 맥을 유지한다. 미군 부대와 외국인 거주자가 많은 지역
특성에 따라 외국 물건이 주요 품목이다. 미군 용품을 주로 취급하는 애신시장은 현
대에 이르러 양키시장이라 부른다. 외국 잡화와 식품, 미군 용품 등을 판매하는 시
장이자, 그 문화를 이어가는 명소다. 미군 용품 마니아는 물론, 야영에 사용할 물건
을 구하기 위한 방문객이 많다. 구경하며 사진을 찍기만 해도 재미있다.

경기 동두천시 어수로83번길 6-1 | 031-860-2114(동두천시청)

문경
오미자테마터널

•

오미자를 직접 보는 곳은 아니야
형형색색
예쁜 터널에서 찍은 사진으로
기억할 뿐이지

오미자 하면 문경이라고

—

#예쁜터널 #길지않아서좋아 #오미자와인과에이드
#터널밖은철길 #밤에는조명놀이

문경오미자테마터널

경북 문경시 마성면 문경대로 1356-1
054-554-5212

the RED · 터널은 다섯 가지 맛이 나는 오미자처럼 다양한 모습으로 꾸몄다. 화려한 조명이 돋보이는 길, 와인이나 에이드 같은 오미자 음료를 내는 카페, 국내외 만화 캐릭터 존과 명화를 패러디한 포토 존, 지역 예술가의 작품을 전시하는 갤러리 구간, 육교 형태 짧은 다리 구간, 천장에 우산이 가득 채워진 길을 지나 조명과 벽화로 표현한 공룡시대 공간이 이어진다.

오미자나무나 열매는 없다. 곳곳에 있는 오미자 조형물과 조명으로 이곳이 오미자 테마터널임을 확인할 뿐이다. 각 테마 구간이 시작되는 곳에 안내판이 있다. 조명이 부족한 터널에서 사진을 잘 찍는 방법을 알려준다. 시간이 지나 사진 속 오미자 모형을 보면 오미자테마터널이 자연히 떠오를 테다. 이곳을 기억하는 또 다른 방법은 카페 이용하기. 터널 안 카페 구간에 테이블이 늘어섰다. 어두운 조명, 18℃ 안팎의 온도, 대화의 울림 등 독특한 터널 풍경 속에 색다른 분위기를 즐길 수 있다.

more RED · 오미자테마터널은 본래 석탄을 실은 기차가 지나는 석현터널이었다. 걷다 보면 터널 바닥에 철로의 흔적이 눈에 띈다. 터널 입구 앞으로 기차가 다니지 않는 철교가 이어진다. 200m가 채 되지 않는 길을 걸을 수 있다. 철교 맞은편에 아치 조형물로 꾸민 도보 다리 구교, 그 옆으로 차량이 통행하는 신교가 보인다. 다리 아래로 흐르는 강과 주변 산세가 수려하다.

쉽게 오르는 고모산성

오미자테마터널은 삼국시대 성곽으로 알려진 고모산성 아래 자리한다. 오미자테마 터널 주차장을 이용하면 터널을 지나 산성에 오르고, 고모산성 주차장에 차를 두고 산성을 본 뒤 터널로 내려오는 방법도 있다. 우리나라 산성은 대부분 높은 곳에 있어 오르기 쉽지 않지만, 고모산성은 어느 방향에서건 도보 10분이면 닿는다.

경북 문경시 마성면 고모산성길 60(고모산성 주차장) | 054-552-3210(문경시청 문화관광과)

앙증맞게 예쁜 간이역, 카페 가은역

간이역으로 쓰이던 건물을 개조한 카페다. 폐역이 된 옛 가은역을 주민들이 관광지로 탈바꿈했다. 건물 앞에 광장과 주차장이 있어, 사진을 찍으면 프레임에 가은역이 오롯이 담긴다. 새하얀 외벽과 창문 밖으로 흘러나오는 노란 조명이 참 예쁘다. 내부에 지난날 가은역의 모습을 볼 수 있는 다양한 소품을 전시하고, 문경 특산물인 사과를 활용한 음료와 디저트를 판매한다.

경북 문경시 가은읍 대야로 2441(가은역) | 054-571-2441
www.cafegaeun.modoo.at

보령
천북 폐목장

•

유럽 어느 작은 마을
광활한 목초지에 작은 집인가

떨어지는 햇살에 더욱 선명하게
까마득한 공간으로 온 듯
꿈결 같은 찰나가 머문다
—

#우리나라맞지 #언제사라질지몰라 #지금가야하는이유 #폐목장작품이되다

충남 보령시 천북면 천광로 73-11(천북신흥교회)
1522-3113(당진시 민원콜센터)

the RED · 천북면에 자리한 초원과 폐목장은 드라마 〈그해 우리는〉 촬영지로 알려졌다. 비 맞은 연수(김다미)와 우산을 받쳐주는 웅(최우식), 해가 바뀌는 순간 두 사람의 로맨스가 절절한 장면으로 만들어진 곳. 애절한 사랑에 빠지고 싶다는 '심쿵' 한 번, 저곳에 가고 싶다는 '심멎' 한 번으로 화면에서 눈을 떼지 못했다.

보령 여행에 바다만 떠올랐지, 어디 이런 초원이 있을 줄은 상상도 못 했다. 그도 그럴 것이 초원과 폐목장이 있는 천북면 하만리는 조용한 농촌이라 외부에 알려진 적이 없다. 이곳을 찾아낸 드라마 제작진에게 박수를! 이곳은 사유지이기 때문에 언제라도 '외부인 출입 금지' 푯말을 내걸 수 있지만, 아직 그런 조치를 하지 않는 땅 주인에게도 감사의 마음을 전하고 싶다.

평지인 듯 낮은 언덕을 오르면 폐목장 건물과 마주한다. 주차 시설을 갖춘 여행지가 아니니 안전한 곳에 차를 세우고 오르자. 주민에게 불편을 끼쳐 이 아름다운 장소가 문을 걸어 닫는 일이 발생하지 않도록 아끼는 마음이 필요하다. 눈 쌓인 풍경도, 푸른 보리 이삭이 일렁이는 장면도 계속 만날 수 있기를.

more RED · 여름날이 가장 푸르른 보리밭 풍경을 선사하지만, 폐목장 언덕 위 건물까지 사계절 푸른 물결이 넘실거리는 초원을 만날 수 있다. 건물 주변으로 가파른 언덕이 아니어서 걷기에 수월하다. 황토벽과 회색벽, 깨진 창문과 쌓인 나무 상자… 건물의 모든 부분이 촬영 소품 같다. 일출부터 일몰까지 빛에 따라 다른 분위기를 풍기는 것도 이곳의 매력이다. 드라마 장면처럼 비 오는 날 예쁜 우산을 들고 가도 괜찮은 촬영 명소다. 비가 오면 땅이 질척일 수 있으니 기억하자.

대형 우유갑과 인생 사진, 보령 우유창고

보령우유가 운영하는 우유창고는 다양한 경험이
가능한 우유 전문 문화 공간이다. 커다란 우유갑
모양 카페에서 우유와 각종 음료, 디저트를 판매
한다. 카페 마당에는 강아지, 토끼, 염소, 송아지가
사는 우유갑 모양 우리도 있다. 카페에서 언덕 방
향으로 젖소가 자라는 개화목장도 구경할 만하다.
구수한 시골 냄새는 쉬이 얻을 수 없는 사진 값이
라 생각하길!

충남 보령시 천북면 홍보로 574 | 041-642-5710
www.brmilk.kr

빼먹으면 아쉬운 보령 포토 존, 청소역

충남 천안과 전북 익산을 잇는 장항선에 현재 남은 가장 오래된 간이역이다. 폐역이라는 오해를 받기도 하지만, 여전히 운행한다. 1961년에 벽돌로 지은 건물은 국가 등록문화재로 지정됐다. 역사 옆에 아담한 공원이 있다. 옛 철길과 기관차, 영화 〈택시운전사〉에 나온 택시와 만섭(송강호) 사진을 전시한다.

충남 보령시 청소면 청소큰길 176 | 1544-7788(코레일)

부산
기장 카페거리

•

미역 말리고
멸치 터는
어촌 풍경에
커피 향이 번진다

어딘가 세련되고
어딘가 촌스러워
좋은 이곳

—

#기장의변신 #이제핵인싸 #세련된촌스러움 #건축물보는재미
#카페인가휴양지인가 #개취존중카페투어

부산 기장군 기장읍 기장해안로 일원
051-709-4066(기장군청 문화관광과)

the RED · 부산의 변두리로, 멸치와 미역이 유명한 어촌으로 기억하던 기장이 전국적인 핫 플레이스가 됐다. 기장 해안을 따라 늘어선 근사한 카페들이 한몫한다. 남쪽 공수항부터 북쪽 월내항까지 카페가 들어서면서 기장 카페거리를 형성하고 있다. 이곳의 매력 포인트는 '세련된 촌스러움'이다. (어)촌스러움과 세련됨의 완벽한 조합이 시각과 감성을 건드린다. 기장의 바다는 해운대나 광안리처럼 도시화한 부산 해안과 달리 날것의 매력이 그대로 살아 있고, 소박한 어촌 풍경이 특별한 바다 감성을 완성한다. 여기에 건축미학이 더해진다. 기장 카페거리의 카페는 스케일과 디자인이 돋보인다. 획일화된 형태로는 명함도 내밀지 못할 건축물의 향연이다. 바다가 선사하는 자연미와 건축물이 연출하는 인공미가 절묘하게 어우러진다.

개성과 매력으로 무장한 카페가 많다 보니 고민은 피할 수 없다. 초창기부터 기장 카페거리의 대표 주자로 이름을 날려온 '웨이브온커피'와 '헤이든', 비교적 최근에 선보인 '칠암사계'와 '코랄라니' 등 선택의 폭이 넓다. '1일 3카페' 정도 달리고 싶은 욕심이 샘솟는다.

more RED · 카페거리라고 해서 기장 어느 동네에 카페가 조르르 모여 있다고 생각하면 오산이다. 기장군 거의 전 해안을 따라 카페가 야금야금 생겨났고, 언제부터인가 사람들이 카페거리라고 불렀다. 카페가 너른 범위에 걸쳐 있으니 제대로 즐기려면 대중교통보다 자동차 여행이 제격이다. 해안을 드라이브하며 예쁜 카페도 갈 수 있으니 일석이조. 기장이나 부산에 사는 현지인이 아니라 이곳까지 일부러 찾아온 여행자라면 기장 카페거리의 수많은 카페 중 한 곳만 들르기도 아쉽다. 중간중간 해변과 항구 등 여러 명소가 있으니 '카페-명소-카페' 식으로 동선을 엮어 하루에 카페 두어 곳을 방문해도 좋다.

another RED •

초록 바람이 부는 신비의 대숲, 아홉산숲

한 가문이 수백 년 동안 고집스럽게 지켜온 청정한 숲으로, 일반에 개방한 지 몇 해 되지 않았다. '사람보다 훨씬 오래 사는 숲은 사람과 하나'라는 숲지기의 정신이 고스란히 묻어나는 곳이다. 인위적으로 가꾼 꽃길이나 시설 대신 나무와 풀이 만드는 자연의 소리와 향기가 있다. 여러 수종이 숲을 이루는 가운데 특히 맹종죽 숲이 유명하다. 많은 영화와 드라마의 배경이 된 맹종죽 숲은 청량하고 신비로운 기운이 가득하다. 드라마 〈더 킹:영원의 군주〉 촬영 당시 세운 당간지주가 인기 포토 존이다.

부산 기장군 철마면 미동길 37-1 | 051-721-9183
www.ahopsan.com

진짜 성당은 아닙니다만, 죽성성당(죽성드림세트장)

쪽빛 바다 앞 붉은 지붕을 인 벽돌 건물이 있다. 죽성성당이라 불리지만 성당은 아니다. 오래전에 드라마 〈드림〉 세트장으로 지은 건축물이 관광지가 됐다. 드라마는 잊혔어도 공간은 아름다운 풍경과 함께 자리를 지키고 있다. 바다와 맞닿은 해안에 오롯이 선 건물이 비현실적이다. 해 질 녘에는 몽환적인 분위기가 짙어진다.

부산 기장군 기장읍 죽성리 134-7 | 051-709-4066(기장군청 문화관광과)

부산
아난티코브

•

남다른 공간과 디자인
새로운 감각이
여행자의 시선을 바꾼다

여행을 떠난 곳에서
다시
영원한 여행이
시작된다

—

#아난티 #아난티힐튼 #이터널저니 #오션뷰 #편집샵 #끝없는여행

아난티코브

부산 기장군 기장읍 기장해안로 268-31
051-604-7000

the RED · 눈부시게 빛나는 바다를 품은 멋진 공간. 아난티코브는 눈 닿는 곳마다 세련된 감각과 디자인으로 가득하다. 아난티코브라는 거대한 장소 안에서 또 다른 여행을 떠나는 길, 시선을 끄는 새로운 공간이 차례로 열린다. 그림 같은 풍광에 빠져드는 해안 산책로를 지나 아난티타운에 들어서면 빛의 퍼포먼스가 쏟아지는 온천과 스파, 개성 넘치는 레스토랑과 카페, 편집 숍이 모습을 드러낸다. 그중에 '이터널저니'는 꼭 가봐야 할 곳이다. 표지를 전면에 진열한 책장이 알록달록한 책의 숲처럼 보인다. 새로운 세상을 만난 것처럼 서점에 대한 이미지가 완전히 바뀐다. 지역 작가들이 만든 소품과 개성 만점 기념품이 이터널저니를 더욱 빛낸다.

more RED · 아난티코브에서는 길을 헤매는 것이 오히려 더 큰 즐거움을 준다. 오가는 길목마다 포토 스폿이 넘쳐나기 때문이다. 몽환적인 분위기가 흐르는 불빛 아래 겹겹이 조여드는 터널 같은 공간이 마치 영원한 여행을 꿈꾸는 사람들의 아지트처럼 보인다.

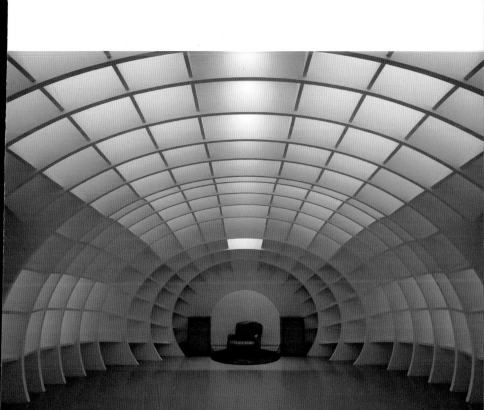

another RED ·

소원을 이루는 아름다운 바닷가 사찰, 해동용궁사

바닷가 암반 위에 세워 독특한 절경을 품은 사찰이다. 끊임없는 파도 소리와 나지막하게 경전을 읽는 소리가 어우러져, 전설에 나올 법한 신비로운 모습이다. 바위에 얹은 자그마한 동자승 인형이 귀엽다. 해동용궁사에서 비는 소원 한 가지는 꼭 이뤄진다니, 더욱 귀가 솔깃하다.

부산 기장군 기장읍 용궁길 86 | 051-722-7744
www.yongkungsa.or.kr

피크닉 차림으로 가볍게, 예쁘게~ 용소웰빙공원

작은 배가 떠 있는 아담한 호수와 푸른 잔디밭이 유럽의 전원 마을을 떠오르게 한다. 햇볕이 따사롭게 내리쬐는 날엔 챙 넓은 모자와 피크닉 차림이 어울린다. 샌드위치나 김밥 등 간단한 도시락과 감성적인 소품을 준비하면 더 로맨틱한 분위기를 연출할 수 있다. 오솔길을 따라 가볍게 산책하는 힐링 코스도 있다. 일상에 여유를 부리기 좋은 장소다.

부산 기장군 기장읍 서부리 223-6 | 051-709-4534

부산
장림포구

•

빛바랜 포구에
알록달록한
색감을 입히니

청춘들의 즐거운
사진 놀이터로 변신

—

#포구에서SNS사진명소로 #일몰맛집 #사진맛집
#알록달록 #부산의베네치아 #부네치아

장림포구

부산 사하구 장림로93번길 72 일원
051-220-4502

the RED · 부산 남쪽, 바닷물이 드나드는 어귀에 아담한 장림포구가 자리한다. 포구에 늘어선 작은 어선과 알록달록한 건물, 여기에 윤슬이 더해져 엽서 같은 풍경을 완성한다. 좁은 운하를 따라 컬러풀한 건물이 즐비한 이탈리아 베네치아의 부라노 섬과 닮은 모습이다. 덕분에 장림포구는 부산의 베네치아, '부네치아'라는 애칭을 얻었다.

SNS 인생 사진 명소로 사랑받는 이곳은 한때 악취 나는 포구라고 손가락질받았다. 산업화가 한창이던 1970년대, 일대에 공업단지를 조성하면서 부산 지역 환경오염의 대명사로 인식됐다. 2010년대 들어 낡은 포구를 재정비하고 어민들이 사용하던 어구 창고를 화사하게 칠하면서 미운 오리 새끼가 백조로 변신했다. 오래된 포구의 따사로운 정취에 알록달록한 색감이 더해져 독특한 분위기가 탄생했다. 빛바램과 선명함이 공존하는 유니크한 감성을 좋아하는 이들에게 추천하는 공간.

more RED · 장림포구를 제대로 즐기려면 맑은 날 오후에 방문하자. 파란 하늘과 색색 건물이 어우러지는 낮 풍경과 아름다운 일몰 풍경을 두루 감상할 수 있다. 햇살 쨍한 낮과 은은한 일몰이 물드는 시간대, 장림포구는 완전히 다르다. 대낮에 장림포구가 테마파크처럼 화려하고 활기찬 분위기라면, 노을 질 무렵에는 쓸쓸한 감성이 지배한다.

장림포구는 물길 양쪽으로 볼거리가 있어, 모두 보려면 크게 한 바퀴 돌아야 한다. 포구 양 끝에 물길을 이어주는 다리가 놓여 순환형으로 한 바퀴 돌아볼 수 있다. 부네치아선셋전망대에서 출발해 여기서 마무리하는 코스로 움직이면 좋다. 전망대 1층에는 부산 대표 어묵이 한자리에 모인 매장이, 2층에는 카페가 있다. 전망 좋은 카페에서는 부산 대표 기념품 전문 마을 기업 '오랜지바다'가 제작한 부네치아 기념품을 전시·판매한다. 마그넷, 엽서, 배지, 파우치 등이 있다. 전망대 옥상의 'BUNEZIA' 조형물이 장림포구 촬영 포인트다.

another RED •

부산 커피의 진정성, 모모스로스터리&커피바

부산을 대표하는 로컬 커피 브랜드 '모모스커피'가 금정구 본점에 이어 영도구 부둣가에 신개념 로스터리 카페를 냈다. 대형 창고를 개조한 내부 분위기와 부둣가 전망이 인상적이다. 단순히 커피 한 잔을 소비하는 카페에서 벗어나 원두 분류와 가공, 추출에 이르는 전 과정을 살펴볼 수 있는 공간이다. 바리스타가 충분한 시간을 들여 손님 개개인에게 커피를 조목조목 소개하고 내려준다. '빨리빨리'를 입에 달고 사는 우리 사회에서 이런 시도라니, 개인적으로 찬성! 긴 대기 시간은 각오할 것.

부산 영도구 봉래나루로 160 | 070-5129-0184

사연 많은 공간에서 사랑받는 공간으로, 브라운핸즈백제와 창비부산

무려 국가등록문화재에 지정된 몸이다. 백제병원은 1920년대 부산 최초 근대식 개인 종합병원으로 지어, 이후 중국 요릿집과 일본인 장교 숙소, 예식장 등으로 사용됐으니 참 사연 많은 건물이다. 지금은 공간 업사이클링으로 유명한 카페 '브라운핸즈백제'와 문화 공간 '창비부산'이 들어서 부산의 핫 플레이스로 거듭났다. 종전 건물의 틀을 유지하고 공간적 재해석을 덧붙여 매력적이다. 낡았지만 여전히 품격이 느껴지는 장소에서 보내는 멋스러운 한때.

부산 동구 중앙대로209번길 16 | 051-464-0332(브라운핸즈백제), 051-714-6866(창비부산)
www.instagram.com/changbibusan(창비부산)

부산
해리단길

•

기차가 멈추자
기찻길 뒷동네가
보이기 시작했다

레트로 감성으로 물든
오래된 주택가는
해리단길이라는
따스한 이름을 얻었다

—

#기차는멈추고 #기찻길뒷동네 #갬성동네 #레트로감성
#오래된주택의변신 #우일맨션

부산 해운대구 우동1로38번길 11 일원
051-749-5700(해운대관광안내소)

the RED · 2013년 동해남부선 복선 전철화 사업으로 옛 해운대 구간 철길이 폐쇄됐다. 철길 뒷동네는 보통 사람들이 평범한 일상을 이어가는 주거지였다. 철길을 사이에 두고 해운대 중심 관광지와 단절된 조용한 동네였다. 기차역이 문을 닫으면서 사람들은 기찻길 너머 동네에 관심을 보이기 시작했다. 마천루가 즐비한 해운대 바닷가와 대조적인 빈티지 감성이 남아 있었기 때문이다. 낡았지만 세월의 힘을 머금은 주택이 감각적인 사람들을 만나 하나둘 '힙한' 공간으로 탈바꿈했다. 골목 따라 그런 공간이 어우러져 해리단길이 탄생했다.

more RED • 오래된 골목과 건물에 감성을 덧입힌 해리단길은 레트로나 뉴트로 분위기를 좋아하는 이들에게 천국 같은 곳이다. 누군가의 삶이 이어지던 주택을 개조한 가게는 저마다 스토리를 머금은 듯 특별해 보인다. 해리단길의 상징과도 같은 우일맨션이 대표적이다. 빈티지 감성 넘치는 흰 건물이 수많은 이야기를 들려주듯 잔잔하고도 강렬한 포스를 풍긴다. 우일맨션을 중심으로 해리단길을 여행한다. 정해진 동선은 없다. 발길 닿는 대로 이 골목, 저 골목으로 스며들다 보면 문득 꽂히는 풍경이나 장소를 발견한다.

another RED •

인생 사진과 바다 전망, 둘 다 건져! 해운대블루라인파크

기차를 타고 달리던 동해남부선 옛 철도의 해운대 미포-청사포-송정 구간을 스카이캡슐과 해변열차로 색다르게 즐겨보자. 공중 레일을 달리는 스카이캡슐은 어느새 SNS 인생 사진 명소로 자리매김했다. 쪽빛 바다와 알록달록한 스카이캡슐을 배경 삼아 '나'라는 피사체를 대충 얹으면 '갬성' 충만한 사진을 건질 수 있다. 해가 질 무렵이면 아름다운 노을까지 사진에 담긴다. 클래식한 해변열차도 사진 배경으로 훌륭하다. 해변열차와 스카이캡슐에서 보는 바다 전망이야 두말하면 입 아프다.

부산 해운대구 달맞이길62번길 11(해운대블루라인파크 미포정거장) | 051-701-5548
www.bluelinepark.com

바다와 라이프스타일의 컬래버레이션, 무브먼트랩 부산플래그쉽스토어
요즈음 달맞이길 핫 플레이스로 떠오른 곳. 시원한 해운대 전망과 라이프스타일 전시를 함께 즐기는 '무브먼트랩'의 부산플래그쉽스토어가 인기다. 무브먼트랩은 시즌별로 콘셉트를 정하고, 그에 따른 라이프스타일 전시를 선보이는 큐레이션 편집숍이다. 부산플래그쉽스토어는 바다가 내다보이는 공간에서 전시해 더욱 눈길을 사로잡는다. 1층에 서울 연희동 유명 카페 '오디너리핏'도 있어 쉬었다 가기 좋다. 뷰 맛집이자 사진 맛집인 루프톱은 결코 놓쳐선 안 될 포인트.

부산 해운대구 달맞이길65번길 148 | 1644-2709
www.movementlab.kr

부여
가림성 느티나무

·

언제부터인지
누가 지었는지 모르지만

오래된 거목을 마주하니 알겠다
사랑나무라 불리는 이유를

—

#사랑나무 #데칼코마니 #마주선너와나
#드라마촬영지 #커플샷성지

부여 가림성 느티나무

충남 부여군 장암면 성흥로97번길 150-31
041-830-2880(충남종합관광안내소)

the RED · 세상이 훤히 내려다보이는 부여 가림성. 그곳에 굽이굽이 산길을 오르면 특별한 나무와 만난다. 400여 년 세월을 살아온 아름드리 느티나무는 오랜 시간 자신을 아름답게 가꿨다. 그 모습에 누군가 '사랑나무'라는 예쁜 이름을 붙였다. 기막힌 작명 솜씨에 박수갈채를 보내고 싶다.

곱게 늘어뜨린 나뭇가지가 반쪽짜리 하트처럼 보이기도 한다. 연인들은 그 아래서 영원한 사랑을 꿈꾸며 무언의 정표 같은 사진을 남긴다. 높은 곳에 있다 보니 주변 경치도 수려하다. 하늘과 맞닿은 듯한 전망에 들뜬 마음이 구름을 타고 두둥실 흘러간다. 언덕을 따라 걷는 발걸음도 덩달아 가벼워진다.

more RED • 디지털의 힘을 빌려 느티나무를 완전한 하트 형태로 완성해보자. 포토샵이나 스마트폰 애플리케이션을 활용하면 나무 두 그루가 하트를 이룬 합성 사진을 만들 수 있다. 소셜 미디어를 달군 바로 그 사진이다. 원본 사진을 복사해 미러링 한 뒤 데칼코마니 형태로 맞붙이면 된다.

another RED •

따스한 감성에 스며드는 거리, 자온길

자온(自溫)길은 '스스로 따뜻해지는 길'이다. 세월에 뒤처져 사람들이 떠나간 거리에 옛 감성을 되살린 자그마한 책방과 카페, 게스트하우스가 들어서면서 온기가 감돈다. 소박함이 오히려 편안하다. 길지 않은 거리를 찬찬히 걷다 보면 어느새 자온길의 매력에 빠진다.

충남 부여군 규암면 자온로
www.jaongil.modoo.at

여행길의 종합 선물 세트, 책방세간

자온길이 시작된 곳이다. 터줏대감 같은 담배 가게를 레트로 감성이 충만한 독립 서점으로 꾸몄다. 개인 취향을 저격하는 다양한 책을 갖췄고, 차와 커피를 마시며 쉬었다 가는 공간도 있다. 봄토끼, 세간뒤뜰, 가을고양이 등 재미난 이름을 단 블렌딩 차가 시그니처 메뉴다. 소장 욕구를 부르는 아기자기한 소품도 판매한다. 여행의 처음이나 끝을 장식하기 좋은 장소다.

충남 부여군 규암면 자온로 82 | 041-834-8205

삼척
덕산해변

•

외나무다리가
굽이쳐 흐르는
그 해변에서 깨달은 사실

사막과 바다는
한 끗 차이

—

#해변외나무다리 #덕봉산해안생태탐방로 #바다에서사막이보인다
#맹방해변바로옆 #BTS버터촬영지는덤

덕산해변

강원 삼척시 근덕면 덕산해변길 114
033-575-1330(삼척관광안내소)

the RED · 드넓은 백사장을 간직한 덕산해변은 한갓지다. 모래밭에 외나무다리가 유려한 곡선으로 흘러간다. 바다와 접하는 백사장 끝이 경사진 편이라 초입에서는 바다가 보이지 않는다. 그 끝에 바다가 있다는 사실을 알면서도 어느 순간 자꾸 사막을 상상한다. 모래벌판이 끝없이 펼쳐진 사막을 바라보는 기분이다. 바다에서 사막을 떠올리는 아이러니라니.

해변에서 굽이치는 외나무다리도 덕산해변을 돋보이게 한다. 사막 같은 해변에 놓인 다리가 낯설면서도 정겨운 감정을 선사한다. 사막을 걷는 기분으로 백사장을 산책하고, 어느 시골 개울에 선 기분으로 외나무다리를 걸어보자. 그 끝에서 광활한 쪽빛 바다를 하염없이 바라보는 거다. 오직 덕산해변에서 즐기는 특별한 감성 놀이 방법이다.

more RED · 덕산해변은 덕봉산을 사이에 두고 맹방해변과 이어진다. 덕봉산은 군 경계 시설이 설치돼 50여 년 동안 출입을 금지하다가 2021년 4월부터 일반에 개방했다. 해안생태탐방로가 조성돼 덕봉산을 돌아보고, 덕산해변과 맹방해변을 자유롭게 오갈 수 있다.

맹방해변은 방탄소년단 앨범 〈버터〉 재킷 촬영지로도 유명하다. 촬영 후 철거한 파라솔과 선베드, 서프보드 등을 그대로 재현했다. 짙푸른 바다를 배경으로 오렌지빛 파라솔과 파란 선베드가 놓인 풍경 앞에서는 '아미'가 아니라도 누구나 자연스레 카메라를 꺼낸다.

another RED •

외국에서 찍은 사진이라고 해도 믿을걸, 쏠비치 삼척

삼척 해안에 산토리니를 모티프로 조성한 리조트 시설이다. 이국적인 포토 존이 많고, 깨끗한 화이트와 쨍한 블루로 도색한 건물 덕분에 대충 찍어도 색감이 좋다. 여름에는 프라이빗 비치를 외국 휴양지 분위기로 꾸며 매력을 더한다. 카페와 레스토랑 등 부대시설을 갖춰 숙박하지 않아도 리조트 이용이 가능하다. 바다와 어우러진 종탑이 베스트 포토 존이다.

강원 삼척시 수로부인길 453 | 1588-4888
www.sonohotelsresorts.com/sb/sc

사람들의 삶이 궁금해지는 길목, 벽 너머엔 나릿골감성마을

삼척항과 마주한 언덕배기에 작은 집이 옹기종기 모인 마을이 있다. 1960~1970년대 전형적인 산동네 모습을 간직한 이곳은 나릿골감성마을이라 불린다. 담장에 벽화를 그리고, 일부 빈집을 전시관으로 리모델링하고 전망대도 조성했다. 전국에 우후죽순 생겨난 벽화마을과 비슷할 법하지만, 여전히 관광지보다 삶터의 역할이 커 오히려 특색 있다. 마을 여기저기로 뻗은 골목을 따라 거닐다 보면 삶을 생각하게 된다. 마을과 함께 살아온 사람들의 이야기가 자꾸 궁금해지는 오묘한 공간이다.

강원 삼척시 나리골길 12 | 033-570-3841(삼척시청 관광과)

서울
용산공원

.

아무나 들어갈 수 없던 곳

일본인이 사용하던 땅에
미국인이 집 지어 살던
지난 시간이 고스란히 남아

반가운 마음으로
드디어 입장

—

#아직은부분개방 #그래도그게어디 #미쿡놀이
#주차는용산가족공원 #씁쓸하지말자 #일단예쁨

용산공원 부분 개방 부지

서울 용산구 서빙고로 221
070-4224-1708

the RED · 주한 미군 기지가 평택으로 이전하면서 반환한 땅 가운데 장교 숙소 5단지
를 우리나라 최초 국가 공원으로 조성했다. 미군이 사용할 당시, 일반인은 초청을
받아야 이곳에 입장할 수 있었다. 그렇게 다녀온 누군가는 소셜 미디어에 사진을 올
리며 자랑 아닌 자랑을 했다. '비공개' '아무나 들어갈 수 없는 구역'이라는 인식이
강해서인지 재정비를 마치고 문을 열자, 순식간에 핫 플레이스가 됐다.

용산공원의 매력은 서울에서 만나는 미국 마을이라는 점. 건물과 도로, 공원, 입구
의 정류장이며 주차장 표시, 주택 주소, 도로표지, 잔디밭과 벤치까지 출입구 하나
지났을 뿐인데… 짠! 정말 미국이다.

more RED · 공원 내 건물 역시 부분 개방이지만 방문객을 위한 공간으로 채웠다. 한
국식 편의를 만끽하며 미국 여행을 즐긴다. 정류장에서 버스 기다리는 척, 잔디 깔
린 공원 벤치에 앉아 햇볕 쬐는 척, 오픈 하우스 앞 흔들의자에서 우리 집인 척, 미
국식 주방에서 요리하는 척… 그렇게 '미쿡'인 척! 모든 공간을 활용해 미국 여행 놀
이와 사진 촬영을 하고, 메인 건물 안 카페에서 여유롭게 머물면 완벽한 미국 하루
여행이다.

멋진 공간을 발견하는 재미, 용리단길

수도권 전철 4호선 신용산역과 삼각지역 사이, 갑자기 뜬 골목이다. 주택 건물 1층에 자리 잡기 시작한 예쁜 가게 덕분이다. 전에는 여느 주택가와 다르지 않은 동네였지만, 지금은 다르다. 식사 시간이면 입장을 기다리는 사람이 골목을 메운다. 낮에는 예쁜 카페에, 밤에는 화려한 술집에 다양한 사람과 표정이 머문다.

서울 용산구 한강로2가 일원

가볍게 돌아보기 좋아, 몬드리안서울이태원 아케이드

아는 사람이 아니면 호텔인지 모르고 지나갈 만한 건물이지만, 인테리어에 몬드리안호텔의 독특한 매력이 가득하다. 몬드리안서울이태원은 숙박하지 않아도 1층 로비와 지하 1층 아케이드를 이용할 수 있다. 상차림이 고급스러운 음식점, 메이크업과 네일 케어까지 가능한 헤어 숍, 두 눈을 싱그럽게 하는 꽃집, 커다란 개인 서재 같은 서점, 해외 식재료와 디자인 굿즈 판매점 등 다양한 매장이 모였다. 맛있는 거 옆에 맛있는 거, 멋진 거 옆에 멋진 거, 예쁜 거 옆에 예쁜 게 가득하다.

서울 용산구 장문로 23 | 02-2076-2000(몬드리안서울이태원)
http://ko.sbe.com/hotels/mondrian/seoul

서울
피치스도원

•

잿빛 도시에서 만난
섹시한 핑크

공간 그대로
hip
컬래버레이션은
so hot

—

#자동차가베이스입니다만 #자동차가끝은아니죠
#상상그이상힙스런 #다음콜라보기대중 #옆집살고싶

피치스도원

서울 성동구 연무장3길 9
010-4192-7719

the RED · 여러 장르를 결합해서 독특한 분위기와 인테리어로 무장한 공간이 전국에 우후죽순 생겨난다. 피치스도원 역시 비슷한 장소일 거라는 짐작은 착각이었다. 이보다 힙할 수가! 분명 힙 플레이스의 새로운 시작이다.

피치스는 '자동차 문화에 음악과 패션을 접목한 라이프스타일 브랜드'를 자처하는 패션 업체다. 피치스도원(D8NE)은 피치스의 오프라인 플래그십 스토어다. 2300m²(700여 평)가 넘는 방직공장의 파격적인 변신이다. 대문으로 들어서면 핑크색 건물이 이곳의 상징처럼 자리한다. 피치스도원의 메인 건물 개러지(GARAGE)로, 자동차를 주문 제작하는 차고이자 여러 이벤트에 활용하는 장소다. 그 옆으로 이어진 골목에 느낌이 다른 공간이 펼쳐진다. 마당과 정원의 자동차 모형부터 루프톱의 파라솔과 선베드가 눈에 띄고, 화려한 미디어 아트 영상과 클럽 못지않은 음악이 흐른다.

건물 안에는 피치스의 패션 의류와 굿즈 매장, 도넛 전문점 '노티드', 수제 버거 전문점 '다운타우너' 등이 있다. 정해진 공간뿐만 아니라 공간 안에 구역을 구분하는 내부 문은 이벤트나 시간에 따라 열리고 닫힌다. 정체성은 지키되 변화를 두려워하지 않겠다는 다짐 같다. 피치스의 메인 멤버 8명의 도원결의에 무한히 동참하길!

more RED • 핑크색 건물은 물론 곳곳의 모형과 귀여운 피치스 심벌, 벽면에 무심하게 붙인 포스터를 활용한 사진 촬영이 즐겁다. 건물마다 디스플레이와 조명이 달라 색다른 장면이 연출된다. 마당과 정원, 루프톱까지 빼먹지 말고 돌아보고, 곰돌이 얼음이 담긴 아이스커피와 도넛, 미국 스타일 수제 버거, 색색 젤라토, 실내 물담배와 위스키 등 먹는 즐거움도 만끽하지.

another RED •

온종일 안 심심해, 성수연방

개성은 서로 다른 모습이 모여 있을 때 가장 돋보인다. 생활 문화 소사이어티 플랫폼 '성수연방'은 각기 다른 분야 사람들이 함께하며 서로의 개성을 빛내준다. 초콜릿은 더 달콤하고, 굿즈는 더 예쁘고, 음식은 더 맛있고, 커피는 더 향기롭다. 'ㄷ 자형' 건물 배치와 중앙 정원, 층마다 자리한 매장의 유니크한 인테리어와 테이블마저 조화롭고 예쁘다.

서울 성동구 성수이로14길 14 | 010-8979-8122

성수동에서도 '힙한' 연무장길

성수동은 주택가 골목 사이사이에서 예쁜 가게와 뜻하지 않게 마주하는 매력이 있다. 성수동카페거리 안쪽으로 이어지는 연무장길에 새로운 매장이 터를 잡기 시작했다. 카페와 음식점, 공방과 편집 숍, 서점, 미용실과 꽃집까지 자꾸 걸음을 멈추게 한다. 이 정도면 선택 장애가 심하게 올 법도 하지만, 오늘은 걱정 말자. 내일 다시 오면 되니까.

서울 성동구 연무장길 일원

속초
상도문돌담마을

.

여기저기 나뒹굴던 돌멩이가
어여쁜
고양이가 되고
참새가 되고
돌담이 되어

세상 모든 것에는
쓰임이 있다
말해주는 곳

—

#스톤아트 #속초숨은명소 #돌담길걷는맛
#무심한듯 #세심한풍경 #번잡한속초속고즈넉한

상도문돌담마을

강원 속초시 상도문길 44
033-639-2690(속초시종합관광안내)

the RED · 속초에서 설악산과 동해, 닭강정의 명성에 가려진 곳. 오래전부터 속초를 족히 수십 번은 들락거린 나조차 올해 처음 상도문돌담마을에 발을 들였다. 줄 서서 기다리기가 필수인 맛집과 여행객이 바글거리는 여느 명소와 달리, 고즈넉하고 느긋하다. 요즘 속초에서 좀처럼 느끼기 어려운 여유를 만끽할 수 있다.

설악산 자락에 500여 년 동안 자리해온 마을은 돌담으로 유명해졌다. 미로처럼 연결된 골목을 따라 걷는 맛이 있다. 전통이나 고풍스러운 아름다움을 내세우는 곳은 아니다. 세월의 흐름에 따라 자연스레 보수하고 새로 지은 가옥과 돌담이 군데군데 보인다. 걷다 보면 설악산이 눈에 들어오고 고양이나 강아지, 부엉이 등으로 변신한 돌도 등장한다. 발걸음 늦추며 어느 집 마당에 피어난 이름 모를 꽃, 담벼락의 글귀에 눈길을 준다. 과거와 현재의 편안한 공존, 그 품에서 걷기가 행복하다.

more RED · 상도문돌담마을의 주인공은 돌담이지만, 그 밖에도 들러볼 만한 곳이 있다. 마을 창고로 쓰이던 건물을 개조한 '문화공간 돌담'은 주민과 여행자에게 휴식처가 된다. 커뮤니티 공간이자 여행자센터 역할을 해, 잠시 쉬거나 마을 안내도 받을 수 있다. 학무정은 이 마을 출신 유학자 오윤환이 건립한 육각정으로, 솔숲에 둘러싸여 운치 있다. 산책로를 따라 걷고 정자에서 쉬며 자연 속 풍류를 즐겨보자.

그때도 맞고 지금도 맞다, 오아오

'어떻게 이런 장소에 이런 멋진 공간을 만들 생각을 했을까?' 의외의 장소에서 괜찮은 카페를 마주할 때마다 감탄이 절로 나온다. '오아오' 또한 격한 감탄을 불러일으킨다. '탠덤커피클럽'으로 시작해 리브랜딩했다. 외진 곳에 자리 잡고도 커피 맛으로 사랑받던 탠덤커피클럽은 카페지기들이 좋아하고 잘하는 것을 더 담아내기 위해 브랜드, 공간, 상품 등을 다시 디자인했다. 기본기를 잃지 않는 커피 품질에 힙한 분위기가 가득한 공간, 갈 때마다 어딘가 조금씩 새로워지는 프로젝트까지… 거듭 방문할 이유가 충분하다.

강원 양양군 강현면 장산5길 71-5 | 033-672-1619
www.instagram.com/oao.asq

자연 속에서 더욱 빛나는 예술, 바우지움조각미술관

설악산이 내다보이는 한적한 땅에 들어선 조각 전문 사립 미술관이다. 소나무와 물, 돌, 잔디 등을 테마로 정원을 조성하고, 다채로운 조각 작품을 전시한다. 인간의 손에서 태어난 예술품과 건축이 자연 속에서 어떻게 더 빛날 수 있는지 보여주는 공간이다. 가장 인기 있는 물의정원이 미술관의 특징을 잘 드러낸다. 의도한 공간에서 예술품과 자연이 눈부시게 빛난다. 물 너머 펼쳐진 설악산이 예술로 다가온다.

강원 고성군 토성면 원암온천3길 37 | 033-632-6632
www.bauzium.co.kr

신안
퍼플섬

·

섬 끝에 걸린 다리는
소녀의 오랜 기다림

그리고
퍼플섬의 시작

세상 어디에도 없는
동화 같은
섬마을 이야기

—

#온섬에보랏빛향기 #BTS뷔신조어 #보라해 #보라옷은무료
#IPURPLEYOU #세계최우수관광마을 #퍼플교

반월·박지도

전남 신안군 안좌면 소곡리 780
061-262-3003(신안군관광협의회)

the RED · 퍼플섬이라 불리는 반월도와 박지도
는 '섬의 고장' 신안군에서도 바다 안쪽으로 깊
숙이 자리한 여행지다. 차를 달려 긴 여정 끝에
닿은 퍼플섬은 보랏빛 세계다. 섬과 섬 사이에
세운 다리도, 마을 안 건물과 지붕도, 길섶에
핀 꽃까지 모두 보라색이다. 불어오는 바람마
저 옅은 보랏빛을 띤 듯 향기롭다. 진한 보라,
밝은 보라, 매혹적인 보라, 우아한 보라… 진회
색 갯벌과 푸른 바다가 어우러진 화폭에 세상
모든 보라색이 황홀한 잔치를 벌인다.

그 가운데 퍼플교가 있다. 평생 박지도에서 살
아온 김매금 할머니의 오랜 소원은 두 발로 걸
어서 육지를 밟는 것이었다. 그 꿈이 퍼플교가
됐다. 섬과 섬을 잇고, 마음을 잇고, 사랑을 잇
는 그곳에서 여행자들이 실레는 꿈을 꾼다.

more RED · 퍼플섬의 드레스 코드는 당연히 보라색이다. 옷이나 모자, 신발 등 보랏빛 패션 센스를 발휘하면 섬으로 가는 프리 패스를 얻는다. 반려동물에게 보라색 옷을 입혀도 된다. 이름에 '보라'가 들어간 사람은 무조건 환영이다. 미처 준비하지 못했다면 퍼플샵이나 관광안내소에서 보랏빛 소품을 사도 된다.

보랏빛 향기로 가득한 반월도카페와 퍼플샵

보라색 건물에 컵 홀더까지 보라색인 '반월도카페'. 마을 어르신이 운영하는 이 카페는 반월도 퍼플교 앞에 있다. 여기선 커피 맛을 따지지 말 것. 너른 바다와 갯벌, 퍼플교가 어우러진 정경에 나를 맡기고 편히 쉬면 그만이다. 퍼플섬에선 여행의 추억도 보랏빛으로 기억된다. '퍼플샵'은 보라색을 테마로 한 기념품점이다. 라벤더 향을 풍기는 디퓨저, 의류와 모자, 우산, 신발, 마스크 등 다양한 상품을 갖췄다.

반월도카페 전남 신안군 안좌면 반월리 60
퍼플샵 전남 신안군 안좌면 소곡리 780-4(퍼플섬 주차장)

사시사철 동백꽃이 만발한 동백 파마머리 벽화

퍼플섬을 오갈 때 지나는 암태도에 재미난 벽화가 있다. 담벼락에 노부부를 그렸는데, 담장 안쪽에 자라는 동백나무가 머리 부분을 완성한다. 마치 부부가 파마머리인듯 유쾌하게 보인다. 벽화 주인공은 집주인 부부다. 자세히 보면 나뭇가지 사이에 동백꽃 조화가 달렸다. 덕분에 언제나 빨간 동백꽃 파마머리를 유지한다. 벽화를 그린 담이 도로에 인접해, 사진 찍기 전에 좌우를 살펴야 한다.

전남 신안군 암태면 기동리 676

MONKEY SHOULDER

MONKEY SHOULDER
100% MALT WHISKY

**HEAVEN'S DOOR
TANNING ZONE**

선베드 이용은 선셋바 스태프에게
"이용 가능 여부 확인" 후 이용 바랍니다.

SURFYYBEACH

양양
서피비치

·

시원한 바다 위로
파도를 가르는 서퍼
청량감 터지는
트로피컬 하우스 뮤직

발리 어디쯤
하와이 어디쯤
이비사 어디쯤을
상상하게 되는 힙한 바이브

—

#외쿡아니고한국 #서핑전용비치 #힙플레이스
#낮에는서핑 #밤에는파티 #젊은해변

서피비치

강원 양양군 현북면 하조대해안길 119
1522-2729

the RED · '국내 유일한 서핑 전용 해변.' 서피비치를 소개하는 이 문구 하나로 호기심을 자극하기에 충분하다. 군사 지역이라 수십 년간 민간인 출입을 금지하던 해변을 2015년에 서핑 해변으로 개방했다. 오랫동안 사람이 드나들지 않았으니 청정함이야 오죽하랴. 주변에 별다른 시설 없이 휑한 분위기가 오히려 이곳을 돋보이게 한다. 사막에 둘러싸인 오아시스 같다고 할까, 세상과 동떨어진 작은 파라다이스 같다고 할까. 발리나 하와이처럼 꾸며 한국이라는 공간적 현실감을 잠시 잃는다.

이곳에 머무는 동안 해외 휴양지에 놀러 온 듯 한껏 들떠도 괜찮다. 서핑을 하지 않아도 흥겹다. 서프보드에 올라타 파도의 흐름에 몸을 맡겨도, 라운지 빈백이나 파라솔 아래서 마냥 '바다멍'을 즐겨도 좋다. 밤에는 신나는 비치 파티에서 어울려도 될 테고.

more RED · 서피비치라는 이름 때문에 여름에만 운영하나 궁금할 수 있는데, 365일 문을 연다. 겨울에는 서핑이 불가하지만 해변과 선셋 바는 이용 가능하다. 서핑 시즌에는 활기찬 기운이 가득하고, 서핑을 못 하는 겨울에는 바다에 집중하며 쉬기 적당하다. 5~10월에는 밤마다 비치 파티가 열려 서피비치를 찾은 청춘을 달뜨게 한다. 오후 7시부터 미성년자 입장 불가, 그야말로 어른들의 비치 파티 타임이다.

another RED •

힙스터라면 여기! 코게러지

창고 같은 콘셉트로 꾸민 공간에 빈티지 올드 카, 오토바이, 서프보드 등이 무심한
듯 어우러졌다. 힙한 바이브가 넘쳐흘러 공간에 머무는 동안 누구나 힙스터가 되는
기분이다. 각종 서핑 용품을 판매하며 카페와 아메리칸 다이너를 겸한다. 아메리칸
브렉퍼스트, 버팔로 윙, 피시앤칩스, 베이컨 맥앤치즈 등을 맛볼 수 있다. 스모키한
치포틀레 소스를 곁들인 '겉바속촉' 치폴레 오겹살이 인기 메뉴 중 하나.

강원 양양군 현북면 동해대로 1269-7 | 033-673-3888
www.instagram.com/kohgarage_official

양양에서 '미국 로드 트립' 중, 7드라이브인

'칠드라이브인'이라고 읽어야 한다. 국도7호선 변 휴게소를 이국적인 감성으로 리뉴얼한 복합 공간으로, 국도7호선의 '7'과 영어 'chill'을 뜻하기 때문이다. 색감이 선명한 대형 간판, 빈티지 트럭 등 미국 로드 트립 중 만날 법한 모텔 분위기로 기획했다. 옥상에는 테니스 코트, 풀장 콘셉트 포토 존 등을 갖췄다. 화보 같은 사진 몇 장쯤 충분히 건질 수 있다. 카페와 숙소, 서핑 숍을 운영한다.

강원 양양군 손양면 동해대로 1750 | 033-673-4678
www.instagram.com/7_drivein

완주
오성한옥마을

·

우리나라 한옥마을에서
가장 조용하고
차분하고 정갈한 공간

모여드는 모든 이도
소곤소곤
고요함 속에 평온해지는
순한 공기

—

#BST다녀감 #WINNER도다녀감
#바람마저조용한 #오도리외성리옛지명 #한옥미로

오성한옥마을

전북 완주군 소양면 송광수만로 472-23

the RED · 옛 지명인 '오도리' 고갯길과 완주 위봉산성 바깥 마을의 옛 이름 '외성리' 사이에 있어 마을 이름에 '오성'이 붙었다. 도심에서 가까운 한옥마을과 달리 첩첩산중에 자리한다. 가는 길이 험하진 않다. 봄이면 꽃잎이 흩날리는 소양벚꽃길을 거쳐 마을 언덕까지 도로가 이어진다. 마을 입구를 지나는 버스도 있다. 어떤 방법이건, 어느 계절이건, 누구와 함께하건… 마을로 들어선 순간, 대화가 줄어들고 걸음이 느려지고 눈이 편안해진다. 기와를 타고 넘어오는 바람 소리, 툇마루 위로 하늘거리는 광목천, 자그락거리며 밟히는 자갈이 오롯이 느껴진다. 이것이 한옥의 아름다움이구나, 새삼 깨닫는다.

연예인이 다녀가기 전에도 한옥의 고요를 사랑하는 많이 이가 한결같이 찾아들었다. 언덕 가장 높은 곳에 자리한 아원은 경남 진주에서 이축한 오래된 한옥과 콘크리트 건물을 더한 공간이다. 갤러리와 고택 관람, 카페 이용이 가능하다. 입장료가 있지만, 아원의 매력적인 풍경이 유명해 누구나 마을에 오면 가장 먼저 찾는다. 한옥스테이를 운영하는 소양고택 주변에는 마당이 예쁜 '두베카페', 독립 서점이자 북 카페 '플리커책방'이 있다.

more RED · 마을에 입장료는 없다. 마음이 닿는 곳에 머물러도 좋고, 하릴없이 거닐어도 괜찮다. '관계자 외 출입 금지' 푯말이 없는 한, 어느 곳이나 자유롭게 다닐 수 있다. 담장 너머 고택이 들여다보이고, 골목 사이에서 대숲을 발견하기도 한다. 막히지 않은 한옥 안으로 들어서면 또 다른 한옥 매장이 나온다. 한옥으로 만든 미로 같다. 미로에서 발견하는 한옥이 보물처럼 느껴진다.

another RED •

자연을 벗 삼은 공간, 오스갤러리

너른 잔디 정원과 그 앞에 있는 오성제, 저수지 너머 산세가 한 폭의 그림처럼 어우러진다. 벽돌 건물을 중심으로 콘크리트 건물이 양쪽으로 이어진 구조가 독특한 갤러리 카페다. 갤러리는 전시마다 다르지만 대부분 관람료 없이 입장할 수 있다. 정원과 산책로 역시 열린 공간이다. 오성한옥마을에서 약 500m 떨어져 마을 길을 따라 '오스갤러리'까지 산책해도 좋다.

전북 완주군 소양면 오도길 24 | 0507-1406-7116

나도, 사랑해요! 삼례 마을

삼례읍에는 끝을 알 수 없는 변화가 이어진다. 대부분 마을 내 버려진 공간을 재생시켰다. 삼례문화예술촌과 삼례책마을은 양곡 창고를, 갤러리 카페와 마켓, 레스토랑이 모인 비비정예술열차는 운행을 중단한 기차를 리뉴얼했다. 지우지 않은 시간의 흔적이 곳곳에 엿보인다. 삼례문화예술촌에는 갤러리와 실내·외 공연장, 매점 등이 있다. 삼례책마을은 서점과 책박물관, 공연이나 전시 등이 열리는 복합 문화 공간을 운영한다. 조선 시대 정자를 복원한 비비정에서 마주하는 해넘이도 삼례 마을에서 빼놓을 수 없는 풍경이다.

삼례문화예술촌 전북 완주군 삼례읍 삼례역로 81-13 | 070-8915-8121
www.samnyecav.kr

삼례책마을 전북 완주군 삼례읍 삼례역로 68 | 063-291-7820
www.koreabookcity.com

비비정예술열차 전북 완주군 삼례읍 비비정길 73-21 | 063-211-7788

울진
성류굴

·

천연 동굴을 뛰어넘은
동굴 조형물의 인기

진짜인지 가짜인지
헷갈리는 착시

실제 풍경은 두 눈으로
확인하는 게 최상

—

#입구에서인생사진 #오후시간대햇살 #하이힐금지 #똥머리금지
#동굴투어는쉽지않고 #허리아프지만예쁨

성류굴

경북 울진군 근남면 성류굴로 221
054-789-5404

the RED · 소셜 미디어에서 처음 마주한 성류굴 사진. 내가 아는 그 성류굴이 맞는지 헷갈려 다른 이들의 사진까지 한참을 찾아봤다. 2억 5000만 년이 넘은 천연 동굴이고, 1963년에 천연기념물로 지정됐으며 1967년부터 일반에 공개했다. 요즘 젊은이들이 주목한 이유는 동굴로 향하는 동굴 조형물 길 때문이다. 사진으로 보면 얼핏 진짜 절벽 같기도, 어느 놀이공원에 잘 만든 귀신의집 입구 같기도 하다. 오후가 되면 성류굴 입구의 조형물에 햇살이 가득 들어와 더욱 신비롭다.

입구 풍경이 아무리 멋져도 습하고 어두운 석회굴이라는 점을 잊지 마시길. 동굴 내부 바닥은 구멍 뚫린 철판이 깔린 구간이 여럿이고, 오리걸음을 해야 겨우 통과할 수 있는 곳도 많다. 편안한 신발과 복장이 필요하다. 동굴에 입장하기 전, 안전모도 착용해야 한다.

more RED · 내부가 어둡긴 해도 동굴 관람을 위한 조명이 길을 밝힌다. 사방을 둘러보면 특이하고 아름다운 동굴 풍경에 넋을 놓게 된다. 동굴 특성상 들어가는 길과 나오는 길이 다르다. 한번 들어서면 끝까지 갔다가 돌아 나와야 한다. 시간을 넉넉히 두고 돌아보며 아름다운 석회굴에서 인생 사진도 챙기자.

another RED •

바다와 하늘을 배경으로, 죽변해안스카이레일

죽변해안스카이레일은 죽변항부터 봉수항까지 최장 2.8km를 오간다. 자동 모노레일이기 때문에 편안히 앉아 울진 바다 풍경을 감상할 수 있다. 바다와 하늘을 배경으로 지나는 레일을 보는 재미도 쏠쏠하다.

경북 울진군 죽변면 죽변중앙로 235-12 | 054-783-8881
www.uljin.go.kr/skyrail/main.tc

변치 않게 예쁜 죽변드라마세트장

2004년 엄청난 사랑을 받은 드라마 〈폭풍 속으로〉 세트장이다. 붉은 지붕 2층 단독 주택으로, 하트해변과 죽변해안스카이레일이 내려다보이는 언덕에 자리한다. 세트 장 아래쪽에 산책로가 이어지고, 레일이 지나는 바로 아래 자갈 해변으로 내려갈 수 도 있다. '용의꿈길'이라 부르는 대숲 산책로를 따라 걸으면 죽변등대에 닿는다.

경북 울진군 죽변면 등대길 74-14 | 054-789-6893
www.uljin.go.kr/tour

이천
시몬스테라스

·

잠이

재미난 스토리가 되고
힙한 트렌드가 되고
유쾌한 테마가 되는 곳

그곳에서 펼쳐지는
잠 랩소디

—

#침대안사도괜찮아 #라이프스타일 #스르르잠들지도몰라요
#노란세탁기 #크리스마스트리

시몬스

경기 이천시 모가면 사실로 988
031-631-4071

the RED • 당장 침대 살 계획이 없어도 굳이 찾아가는 쇼룸이 있다. 시몬스가 만든 복합 문화 공간이자 라이프스타일 쇼룸 시몬스테라스다. 이곳은 '놀러 간다'는 표현이 어색하지 않을 정도로 볼거리가 다양하다. 침대 회사가 만든 공간이 얼마나 재미날까 싶은데 의외로 재미있고 이쁘다. 드넓은 공간을 침대로 디자인한 쇼룸은 인테리어 '알못'부터 '잘알'까지 모두 설레게 한다. 침대 수십 대를 소품처럼 가볍게 활용하는 포스라니. 침대 회사라 가능한 '손 큰' 인테리어다. 따스하고 편안해 보이는 침대와 침구에 잔잔한 음악, 스르르 잠이 들 것처럼 몽환적인 분위기다. 외국 박물관을 옮겨놓은 듯한 빈티지 브랜드 뮤지엄, 미국 재즈 역사와 시몬스의 역사를 연계한 영상물을 훑어보면 이 공간에 점점 빠져든다.

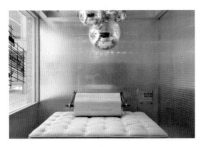

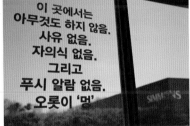

more RED · 시몬스테라스는 방문하는 시기에 따라 다른 모습으로 기억될지도 모른다. 쇼룸이나 브랜드 뮤지엄 같은 상설 전시 공간은 물론, 시기별로 팝업 공간과 특별 전시를 운영하기 때문이다. 팝업 공간이나 특별 전시는 이색적이고 흥미로운 내용이 많아, 바뀔 때마다 구경하러 가고 싶다.

계절마다 모습을 달리하는 야외 정원도 이곳의 변신에 일조한다. 여름에는 초록빛 잔디밭과 파라솔이 피크닉 분위기를, 겨울에는 대형 크리스마스트리가 따스한 연말 분위기를 연출한다. 브랜드 협업을 통해 스페셜티 커피로 유명한 '이코복스커피'가 입점했다. 실내 정원을 갖춘 카페에서 풍미 좋은 커피를 마시며 잠시 쉬어보자.

another RED •

너는 밥이냐, 빵이냐? 이진상회

갤러리, 정원, 온실 등을 갖춘 복합 문화 공간으로 베이커리 카페가 유명하다. 제주도 인기 빵집이자 이효리가 다니는 곳으로 유명한 '메종드쁘띠푸르' 빵을 선보이는데, 이천 지역 특성을 살린 이색 메뉴가 눈길을 끈다. 앙증맞은 사발에 담아내는 순쌀밥한공기(쌀 카스텔라)와 계란프라이(레어 치즈 케이크)가 대표적이다. 예쁘고 맛도 좋고, 빵을 먹으면 이천 도자기가 덤으로 따라오니 100점 만점! 빵과 커피로 배를 채운 뒤에는 야외 정원과 온실을 산책하자.

경기 이천시 마장면 서이천로 648 | 070-8888-8882
www.instagram.com/ijinsanghoe

환상적인 포토 존 가득, 별빛정원 우주

365일 화려한 빛 축제가 열리는 곳. 우주를 테마로 환상적인 야간 조명 쇼가 펼쳐진다. 국내에서 가장 긴 빛의 터널을 걷고, 화려한 불빛이 파도치듯 일렁이는 별의 바다를 감상한다. 이곳에 머무는 내내 우주를 여행하듯 신비로운 기분에 휩싸인다. 사진 찍기 좋은 스폿이 많고, 셀카 촬영을 돕는 스마트폰 거치대도 군데군데 설치했다. 낮에는 푸릇한 정원을 배경으로 또 다른 사진을 남길 수 있다.

경기 이천시 마장면 덕이로154번길 287-76 | 031-645-0002
www.oooZooo.co.kr

제주
보롬왓

•

꼭꼭 숨은 비밀의 화원

흰 꽃이 만발한 메밀밭은
이제 알록달록한 꽃밭이 됐다

철마다 다채로운 빛깔이 펼쳐지는 풍경이
갖가지 물감을 짜놓은
화가의 팔레트와 닮았다

—

#꽃보다예쁜너 #사계절꽃밭 #꽃여행 #노란유채
#무지개깡통열차 #반려식물

보롬왓

제주 서귀포시 표선면 번영로 2350-104
064-742-8181

the RED · 한라산과 오름이 병풍을 두른 듯한 동부 중산간 지대에 보롬왓이 숨어 있다. 보롬왓은 제주에서 바람 부는 들판으로 통한다. 사계절 화려한 색채를 뽐내는 들녘은 봄이면 빨간 튤립과 노란 유채가 물결치고, 여름에는 라벤더와 수국이 보랏빛 춤을 춘다. 가을도 장관이다. 붉은 맨드라미와 핑크뮬리가 하늘거리는 사이에 새하얀 메밀꽃이 들판을 덮는다. 흰 눈이 소복이 내려앉은 겨울에는 예쁘게 꾸민 실내 온실이 대신한다.

가는 줄기와 잎을 천장부터 바닥까지 늘어뜨린 수염틸란드시아, 나무 상자에 담긴 화분, 돌담을 따라 난 좁은 꽃길… 눈길 닿는 모든 곳이 포토 존이자 힐링 포인트다. 볕 좋은 날, 트랙터에 줄줄이 매단 무지개깡통열차에 몸을 실으면 덜컹거리는 진동에 맞춰 엉덩이가 들썩인다. 바람을 타고 날아온 꽃향기가 코를 살살 간질이고, 꽃길을 걷는 입가에 미소가 떠오른다.

more RED · 온실과 이어진 카페에서 향 좋은 커피, 직접 수확한 메밀로 만든 건강한 빵을 맛볼 수 있다. 메밀크림을 얹은 크루아상과 메밀휘낭시에가 추천 메뉴. 폴딩도어 너머 펼쳐진 색색 꽃밭은 바라보기만 해도 흐뭇하다. 부드러운 햇살 아래 빈백에 몸을 파묻고 낮잠에 빠지기도 좋다.

another RED •

은밀하고 매혹적인 비밀의숲

이름은 비밀의숲이지만 사람들이 많이 찾는 핫 플레이스다. 원래 웨딩 사진이나 스냅사진을 찍는 이들이 알음알음 찾는 울창한 숲이었는데, 몇 년 전에 일부를 단장해 관광 명소로 꾸몄다. 안돌오름 아래 삼나무 숲, 유채와 철쭉, 수국 등 잘 가꾼 꽃밭이 숨어 있다. 특히 하늘로 쭉쭉 뻗은 삼나무 길은 이국적인 분위기가 물씬 풍긴다. 여기에 매표소를 대신하는 민트색 캠핑카를 더하면 빈티지 포토 스폿이 완성된다. 고목이 어우러진 오래된 돌 창고와 무심하게 놓인 철제 의자, 널브러진 장작 등 화보 같은 사진을 얻기 적당한 소품이 많다.

제주 제주시 구좌읍 송당리 1887-1
www.instagram.com/secretforest75

제주에서 만나는 파란 물병, 블루보틀 제주카페

파란 물병이 트레이드마크인 블루보틀 제주카페다. 돌담과 오름, 들판을 담은 제주의 감성에 이곳의 커피를 더했다. 주문 전에 꼼꼼히 체크한 뒤 취향에 맞춰 커피를 내려준다. 내 입에 꼭 맞는 커피 한 모금에 작은 행복이 스며든다. 내부는 화이트와 밝은 우드 톤을 매치한 인테리어에 벽면을 유리로 마감해, 바깥 풍경을 온전히 눈에 담을 수 있다. 대기 없이 여유롭게 즐기려면 오픈 시간에 맞춰 방문하기를 추천한다.

제주 제주시 구좌읍 번영로 2133-30 | 0507-1388-6998
www.bluebottlecoffeekorea.com

제주
섭지코지 그랜드스윙

•

바다로 튀어나온
바람의 언덕에
파도처럼 출렁이는
거대한 그네가 있다

땅 한 번 짚고
발 한 번 크게 구르면
바다 건너 성산일출봉까지
단숨에 날아오른다

—

#글라스하우스 #성산일출봉을향해날아라
#거대한그네 #그네샷 #그네완전예쁨

휘닉스 제주

제주 서귀포시 성산읍 고성리 46
064-731-7001

the RED · 제주의 바람 부는 언덕으로 통하는 섭지코지. 자연과 인공물이 어우러진 언덕에 커다란 그네 조형물이 있다. 이름도 우아한 '그랜드스윙'이다. 둥근 테두리 안에 길게 늘어뜨린 그네에 앉으면 성산일출봉이 마주 보인다. 곡선과 직선이 만난 공간에 아름다운 자연이 담겼다.

그 안에 나를 넣는다. 바람이 세게 밀어주면 성산일출봉까지 날아오르지 않을까. 엉뚱한 상상이 뭉게뭉게 피어오른다. 바람이 불거나 말거나 뭐 하나 변함이 없는데 괜스레 마음만 두방망이질한다. '그랜드스윙' 뒤편 언덕에 새하얀 등대가 조각상처럼 서 있고, 들판에 샛노란 유채꽃 물결이 넘실댄다. 파란 바다와 초원이 펼쳐진 섭지코지라는 명작 속에 그네와 나, 성산일출봉이 나란히 섰다.

more RED · 섭지코지를 분위기 있게 즐기려면 휘닉스 제주 글라스하우스로 가자. 1층은 흑돼지버거와 치킨버거, 음료를 파는 '민트카페', 2층은 런치와 디너를 코스 요리로 내는 '민트레스토랑'이다. 특히 전면이 유리로 된 민트레스토랑에서 내다보는 풍경은 그야말로 감탄스럽다. 성산일출봉이 그림처럼 걸렸다.

another RED •

〈공항 가는 길〉의 그곳, 오조포구

한적하고 작은 어촌 오조리. 바다인 듯 호수인 듯 잔잔한 내수면을 따라가다 마주친 풍경이 익숙하고 정겹다. 몇 해 전 인기리에 방영한 드라마 〈공항 가는 길〉을 이곳에서 촬영했다. 바다로 길게 뻗은 방파제와 뒤편에 자리한 옛 돌집이 포토 스폿이다. 돌집은 드라마 속 서도우(이상윤)의 작업실이자 어머니 고은희(예수정)의 작품을 전시한 곳으로, 감성적인 분위기가 흐른다. 돌집 앞에 앉으면 누구나 인생 사진을 얻을 수 있다.

제주 서귀포시 성산읍 오조리

우도와 성산일출봉이 담기는 절경, 카페 오르다

제주올레 1코스 중 우도와 성산일출봉이 한눈에 들어오는 절경이 있다. 그 명당에 '카페 오르다'가 있다. 오른쪽에 성산일출봉이, 왼쪽에 우도가 보여 한 번 오기도 힘든 곳을 단골처럼 자꾸 찾게 만든다. 휴양 리조트인 듯 푸릇한 잔디 마당에 세운 퍼걸러와 푹신한 소파 벤치가 한낮의 꿈처럼 나른한 휴식을 불러온다.

제주 서귀포시 성산읍 한도로 269-37 | 064-783-8368
www.instagram.com/orda_jeju

제주
스누피가든

•

오름 아래 펼쳐진 순수한 세상

찰리 브라운과 스누피
친구들을 만나는

영원한
나의 네버랜드

—

#찰리와친구들 #인생명언 #스누피는비글 #4컷만화
#BTS지민포토존 #행복은따뜻한강아지

스누피가든

제주 제주시 구좌읍 금백조로 930
064-903-1111

the RED · 스누피가든은 세계적인 인기를 누려온 네 컷 만화 〈피너츠〉의 캐릭터가 모인 곳이다. 사랑스러운 강아지 스누피, 찰리 브라운과 그의 친구들이 일상에서 겪는 소소한 이야기를 잔잔하게 들려준다. 실내 전시관인 가든하우스에서는 〈피너츠〉의 수많은 에피소드를 접할 수 있다. 유난히 마음에 남는 장면 몇 개. 루시가 스누피를 꼭 안아주면서 "행복은 따뜻한 강아지야"라고 말하던 모습, 조종사를 꿈꾸는 스누피가 자신에게 건넨 "나는 여행의 위대함을 믿어"라는 말이 따스한 위로와 감동을 준다.

스누피가든의 백미는 야외가든이다. 작은 폭포를 건너는 스누피와 우드스탁, 후박나무에 머리를 대고 고민 중인 찰리 브라운, 정원을 꾸미느라 바쁜 루시 등 자연과 어우러진 친구들을 만난다. 야외가든이 워낙 넓고 예쁜 공간이 많아 걸음이 자꾸 느려진다. 서정적인 분위기가 돋보이는 호숫가 나루터는 방탄소년단 지민이 다녀갔다. 혼자여도 스누피와 나란히 앉아 말없이 호수를 바라보는 시간이 더없이 따스하고 평온하다.

more RED · 스누피 감성에 빠지는 방법 하나, '카페 스누피'에서 스누피카노(아메리카노)를 아이스로 주문하자. 스누피 캐릭터를 본뜬 얼음을 넣어주는데 녹여 마시기 아까울 정도로 앙증맞다. '피너츠스토어'는 스누피를 곁에 두는 가장 쉬운 방법을 알려준다. 스누피를 비롯한 〈피너츠〉 캐릭터 굿즈와 소품이 대기 중이다. 귀엽고 예쁜 굿즈가 지갑을 열게 한다. 가든하우스와 야외가든, 카페와 스토어까지 여유롭게 돌아보려면 두 시간 이상 잡아야 한다.

피크닉처럼 가볍게 즐기는 오름 산책, 아부오름

스누피가든 바로 옆에 아부오름이 있다. 언덕처럼 보이지만 깊고 너른 분화구를 품은 오름이다. 걷기 편한 탐방로를 따라 사방이 트인 전망을 만끽하며 분화구를 한 바퀴 돌아보자. 햇살 좋은 날 풀밭에 앉아 감성 넘치는 시간을 보내기 적당하다. 인근에 피크닉 세트를 대여하는 곳이 있다. 아부오름은 정상까지 5분이면 닿는다.

제주 제주시 구좌읍 송당리 산164-1

어느 멋진 고성으로 초대, 평대앓이

1인 셰프가 운영하는 퓨전 양식집. 저온에서 오래 숙성시킨 수비드제주흑돼지안심
스테이크, 먹기 좋게 손질한 딱새우사시미, 매콤한 바당파스타, 아보카도와 명란이
어우러진 앓이덮밥 등 특색 있는 요리를 낸다. 맛있는 음식만큼이나 앤티크한 실내
분위기도 근사하다. 긴 테이블과 촛대, 곳곳에 걸린 명화가 아름다운 고성에 초대받
은 듯 들뜨게 한다. 저녁이면 은은한 조명 덕분에 더욱 로맨틱한 분위기가 흐른다.

제주 제주시 구좌읍 비자림로 2718-3 | 064-783-2470
www.instagram.com/pyeongdae_re

제주
오늘은녹차한잔

·

말간 하늘 푸른 차밭
바람을 타고 날아온 찻잎 하나가
어디론가 나를 이끈다

차밭이 숨겨온
오랜 비밀을 찾아 나선 길
연둣빛 이파리들이 물결치는 아래
시공간을 뛰어넘은
오묘한 동굴이 모습을 드러낸다

—

#녹차동굴 #제주녹차밭 #숨은비경 #태곳적풍경
#동굴샷 #녹차한잔

오늘은녹차한잔

제주 서귀포시 표선면 중산간동로 4772
064-787-6888

the RED · 차밭이 대부분 그렇듯 오늘은녹차한잔도 시간의 흐름에서 비켜난 것처럼 고요하다. 작은 차나무가 지평선까지 뻗어 있고, 그 끝에 아스라이 걸린 한라산과 오름이 빛깔 고운 수채화인 양 꼼짝하지 않는다. 싱그러운 빛깔로 채워진 찬연한 적막감이 평온하다. 차밭 사이를 걷는 걸음도 덩달아 느림보 달팽이가 된다. 가지런히 가꾼 차나무는 용암대지에서도 곱게 자란다. 그 아래, 놀라운 공간이 숨어 있다. 푹 꺼진 언덕 너머, 태곳적 자연에 둘러싸인 신비한 용암굴이 모습을 드러낸다. 검은 입을 벌린 거대한 동굴은 먼 옛적 시간에 멈춰 있다. 그 풍경 안에선 모든 것이 멈춘 상태다. 오래된 아름다움마저.

more RED · 차밭에 숨은 동굴로 가려면 한라산부터 찾아야 한다. 한라산을 마주 보고 걷다가 왼쪽에 작은 동산이 눈에 띄면 방향을 틀어 언덕을 내려간다. 절벽으로 둘러싸인 공터 반대편에 동굴이 보인다. 차밭 입구에 유기농 녹차와 빵을 파는 카페가 있다. 나른한 휴식이 필요하다면 족욕 체험을 추천한다. 풋풋한 녹차 내음을 맡으며 카트 레이싱을 즐겨도 좋다.

another RED •

마음을 다독이는 차 한잔, 취다선티하우스

독립된 차실에서 그윽한 차 향기와 찻잔에 깃든 온기를 느끼며 마음을 챙기는 시간.
혼자여도 괜찮다. 때로는 오롯이 자신과 마주하는 시간이 필요하니 말이다. '취다선
티하우스'에는 분위기가 다른 네 개 차실이 있어, 취향에 따라 선택하면 된다. 창밖
으로 작은 연못이 보이는 죽로차실과 공선차실이 인기다. 차실은 한 팀씩 예약해야
하며, 회당 이용 시간은 90분이다. 차와 다기 사용법을 안내받은 뒤 온전히 자신을
위한 시간을 보낼 수 있다.

제주 서귀포시 성산읍 해맞이해안로 2688 | 070-7758-1600
www.chuidasun.com

너와 나의 특별한 티타임, 올티스

거문오름 아래 아담한 유기농 차밭이 있다. 해발 320m 고지에서 자라는 '올티스'의 차나무는 최상급 녹차를 위한 질 좋은 찻잎을 낸다. 올티스는 'Organic Tea House'를 줄인 이름이다. 차밭이 바라보이는 곳에 자리한 올티스 다실은 배움과 체험이 있는 아름다운 공간이다. 티 마인드(Tea Mind) 프로그램에 참여하면 호젓한 분위기에서 전문가가 우려주는 여러 가지 차와 다식을 즐길 수 있다. 60분 정도 걸린다.

제주 제주시 조천읍 거문오름길 23-58 | 064-783-9700
www.orteas.modoo.at

창녕
영산 만년교

•

물결이 잔잔히 흐르는
어느 순간

거울처럼 반듯한 물 위에
떠오른
또 다른 아치

—

#인생샷명소 #보물만년교 #반영샷 #아치형다리 #동화속풍경

영산 만년교

경남 창녕군 영산면 원다리길 42
055-530-1534(창녕군청 생태관광과)

the RED · 첫눈에 반한다는 게 이런 느낌일까. 맑은 물이 흐르는 실개천, 닿을 듯 말 듯 길게 드리워진 수양버들 뒤로 황톳빛 무지개다리가 눈에 와 박힌다. 마치 어릴 적 보던 예쁜 그림책을 펼쳐놓은 것 같다. 작은 시골 마을까지 찾아온 수고로움이 한순간에 보상받는다. 아치형으로 쌓은 돌다리에 조심스럽게 한 발을 올린다. 견고 하고 튼튼한 만년교는 보물로 지정된 문화재지만, 여전히 사람들이 이용하는 다리다. 만년교라는 이름도 옛사람들이 '만 년이 지나도 무너지지 말라'는 뜻에서 붙였다. 내 첫 번째 인생 사진을 담은 곳, 그 이름처럼 오래도록 아름답게 남아주기를.

more RED · 만년교 아래로 흐르는 실개천이 아치를 완벽한 원으로 만든다. 흐르는 물 길이지만 바람이 없는 맑은 날에는 물 위에 비친 다리가 또렷하다. 실제 다리와 반 영이 합쳐져 원이 되며 더욱 매혹적인 장면을 연출한다.

이렇게 어여쁜 늪지대 보셨나요? 우포늪

우포늪은 그야말로 거대하다. 창녕군 네 개 면에 걸쳐 있을 만큼 드넓은 늪지대에
수많은 식물과 새, 물고기와 땅 위를 오가는 작은 동물 등 다양한 생태계가 어우러
져 살아간다. 고요한 늪지대는 한없이 평화롭다. 바람이 살랑살랑 일면 물에 비친
하늘이 찰랑대며 응답한다. 만고의 진리와 같은 말, 자연이 빚은 풍경은 봐도 봐도
질리지 않는다.

경남 창녕군 유어면 우포늪길 218 | 055-530-1556(우포늪생태관)
www.cng.go.kr/tour/upo.web

물 위에 뜬 다섯 개 별, 연지못

먼 옛적 마을에 불이 날까, 액운이 서릴까 염려하여 불운한 기운을 막기 위해 만들었다는 연못에 다섯 개 별이 떠 있다. 하늘이 고스란히 담긴 연못에 오성(五星)을 본떠 만든 크고 작은 섬이 반짝반짝 빛난다. 연못 둘레는 나무 덱을 깔아 걷기 편하다. 오늘 걷고 내일 걷고 매일 걸어도 마냥 좋다.

경남 창녕군 영산면 서리

춘천
구봉산카페거리

·

커피에
전망 한 스푼
햇살 한 스푼
노을 한 스푼

완벽한
커피 타임

—

#춘천최고전망명소 #일몰명소 #야경도멋져
#춘천에반할걸 #뷰카페줄이 #결정장애주의

강원 춘천시 동면 순환대로 1154-97
033-250-3089(춘천시청 관광안내소)

the RED · 춘천이란 낯선 도시에서 살아야 한다고 했을 때 흔쾌히 결정한 건, 노을 질 무렵 구봉산의 어느 카페에서 내다본 황홀한 전경 때문이다. 산과 호수가 어우러진 그림 같은 도시 풍경에 노을빛이 가세했다. 이런 풍광을 눈앞에 두고 어찌 반하지 않을 수 있으랴.

춘천 도심이 한눈에 들어오는 구봉산 중턱에 카페가 모여 있다. 스타벅스와 투썸플레이스 같은 대형 프랜차이즈부터 개인 카페까지 다양하다. 건물 외관이나 인테리어는 각양각색이지만 공통점도 있다. 대부분 탁 트인 전망을 즐기도록 통창이나 야외 테라스를 둔 점. 춘천의 상징 같은 소양2교와 봉의산을 담은 전경은 '춘천다움'이 뭔지 정확히 정의해준다. 햇살 쨍한 낮 풍경, 오렌지빛으로 물드는 해 질 녘 정취, 소양2교가 불을 밝히는 야경… 어느 하나 포기할 수 없을 만큼 완벽하다.

more RED · 구봉산카페거리에 들어서면 어느 카페로 갈지 고민이 앞선다. 최근 대대적인 리모델링을 마친 터줏대감 '산토리니', 정통 프렌치 베이커리 브랜드 '곤트란 쉐리에', 트렌디한 감각이 돋보이는 'PP', 강원도 유일한 스타벅스 리저브 매장 춘천 구봉산R점, 스카이워크를 갖춘 투썸플레이스가 전망 좋고 인기도 높은 편이다. 타르트 맛집 '라타르타', 빵으로 유명한 '라뜰리에김가', 현지인이 즐겨 찾는 '구봉산 전망대휴게소' 등 특색 있는 곳이 많으니 취향껏 선택하자.

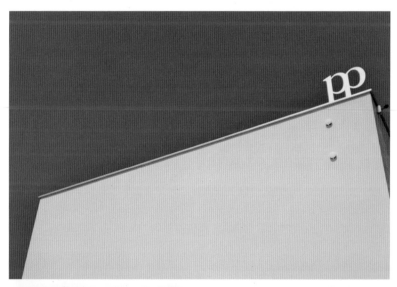

another RED •

초록 문 앞에서 '심쿵', 분덕스

누구는 유럽 성당 같다고, 누구는 중세 고성 느낌이 든다고 한다. 미국 서부 분위기가 난다는 이도 있다. 한마디로 정의하기 힘든 공간이다. 뭔가 떠오르지 싶은 분위기인데 막상 어디라고 이야기할 수 없는 독특함이 강점이다. '분덕스'의 상징인 초록 문 앞, 베이지 톤 아치형 문, 유럽 어느 공원을 옮겨놓은 듯한 야외 테라스, 펑키한 간판 등 화보 사진 건질 만한 포인트가 수두룩하다.

강원 춘천시 남산면 충효로 94 | 010-3343-5374
www.instagram.com/boon_docks__

soul이 있는 '숲멍', 소울로스터리

카페라 쓰고 솔밭이라 읽어야 한다. 소양강 변에 펼쳐진 근사한 솔숲은 주인공이 되기에 충분하다. 카페 숲이라고 믿기지 않을 정도로 규모나 밀도가 훌륭하다. 숲 주변으로 카페 건물이 흩어져 여유롭게 힐링하기 좋다. 각 건물은 창으로 둘러싸여 어디서든 숲을 눈에 담을 수 있다. 춥지 않은 계절에는 문을 활짝 열어 숲 내음까지 고스란히 전달된다. 숲속에 야외 좌석도 마련했다. 분명 카페에 왔는데 '숲캉스'를 온 듯 기분 좋은 착각이 든다.

강원 춘천시 동면 소양강로 530 | 033-253-7876
www.instagram.com/soulroastery

태안
신두리 해안사구

∙

끝없을 듯 이어지는
해안사구
바닷바람에
모래가 날리는 풍경

그 앞에 서서
아주 적은 물로도 버틸 수 있는
사막의 선인장을 꿈꾼다
—

#얼핏보면사막 #그래도무척넓다 #꽤나매력적인모래멍
#바람에이는모래소리 #나지금조금센티해

신두리 해안사구

충남 태안군 원북면 신두해변길 201-54(신두리사구센터)
041-672-0499

the RED · 사구는 바람에 이동한 모래가 쌓인 언덕이다. 해안사구는 해안을 따라 발달한 사구로, 해류나 파도에 운반된 모래가 낮은 구릉 모양으로 쌓인 지형을 말한다. 태안 신두리 해안사구는 우리나라에서 가장 넓은 해안사구로 천연기념물이다. 지정 탐방로가 있으며, 전 구간을 돌아보는 코스가 약 4km에 이른다. 해안사구는 바다와 육지를 보호한다고 알려졌다. 이 아름다운 해안사구의 풍경을 오래도록 보기 위해 우리가 할 일은 딱 하나다. 정해진 길로 다닐 것.

주차장부터 조용한 해변을 따라 걷다 보면 신두리 해안사구 입구에 도착한다. 눈앞에 모래밭이 펼쳐진 장관에 걸음을 멈춘다. 걷기 시작하면 그만큼 돌아와야 한다는 사실이 순간 머릿속을 스친다. 무슨 큰 결심이라고, 작정하듯 씩씩하게 첫발을 내디딘다. 모래밭을 걷는 데는 생각보다 많은 에너지가 필요하다. 다리가 아프면 속도를 조금 늦추고, 일상에서 미뤄둔 생각을 떠올린다. 끝없을 듯 이어진 길을 걷는 방법이다. 그러다 문득 눈을 돌리면 풍경이 환영 인사를 건넨다. 허허벌판에 서서 바람에 날리는 모래의 움직임을 바라보고 그 소리를 들으며 잠시 쉰다. 돌아오는 길, 모래밭에 발자국을 남긴다.

more RED · 해안사구에서 나와 신두리 마을 길을 걸어보자. 서해가 내다보이는 흰색 카페, 건물은 오래돼 보이지만 간판과 외관을 단장한 동네 슈퍼가 있다. 길거리 음식을 파는 빨간 트럭도 눈에 띈다. 크고 작은 펜션과 어촌 주택이 어우러진 소박한 거리다. 조금 더 가면 신두리사구센터가 나온다. 건물 앞 광장에 다양한 조형물이 있고, 센터 내부에 해안사구에 관한 이야기를 전시한다. 옥상에 오르면 서해와 해안사구, 마을 전경이 한눈에 담긴다.

사계절 만나는 바다 더하기 숲, 천리포수목원

천리포해변에 맞닿은 수목원으로 사시사철 다양한 식물이 피고 진다. 언제 찾아도 그 계절의 매력을 만날 수 있다. 해 질 녘 해안 산책로 풍경이 아름답다. 산책하다 보이는 아담하고 고풍스러운 기와집과 초가집은 수목원에서 하룻밤 머무르는 가든 스테이 공간이다. 유스호스텔 형태의 에코힐링센터도 있다. 출입구 옆으로 식물과 식물 가꾸기 도구 등을 판매하는 플랜트샵을 운영한다.

충남 태안군 소원면 천리포1길 187 | 041-672-9982
www.chollipo.org

낮과 밤의 만리포전망대

만리포해수욕장 끝에 길쭉한 전망대가 있다. 오전 10시부터 오후 10시까지 무료로 운영한다(월요일 휴무). 아파트 13층 높이 전망대에 오르면 바로 아래 만리포해수욕장과 주변 마을, 먼바다와 그 위에 떠 있는 어선까지 보인다. 일몰 후 다섯 차례에 걸친 레이저 쇼 타임이 있다. 보통 오후 7~9시에 운영하지만 정확한 시간은 날마다 다르다. 전망대에서 뿜어져 나오는 레이저는 만리포해변과 일대에 화려한 빛줄기를 내린다. 전망대 1층에서 라면과 음료수 등 간식, 지역 공예품을 판매한다.

충남 태안군 소원면 가락골길 14-10 | 041-670-2369
www.mallipo.modoo.at

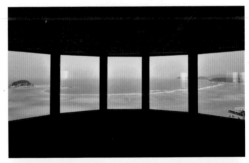

평창
육백마지기

·

무감성의
다 큰 어른도
알프스 소녀 하이디로
빙의하고 싶어지는

이국의 동화 속 풍경 같은
그곳

—

#천상의화원을걸어요 #강원도시크릿가든
#오늘은나도화보주인공 #샤스타데이지필무렵 #이풍경실화냐

육백마지기

강원 평창군 미탄면 청옥산길 583-155
033-330-2724(평창군청 문화관광과)

the RED · 강원도 평창 청옥산 꼭대기에 평원이 있다. 해발 1200m가 넘는 산 위에서 만나기 어려운 평원이라 조금은 낯설면서도 특별하게 다가온다. 규모도 크다. 볍씨 600말을 뿌릴 수 있는 크기라고 해서 '육백마지기'라 불린다. 평원 주변으로 산이 겹겹이 이어진다. 끝없는 산의 무리가 에워싼 덕에 평원이 아늑하다. 산등성이에는 거대한 풍력발전기가 윙윙 날개를 돌린다.

초록빛 가득한 평원은 여름과 겨울에 새하얀 꽃으로 뒤덮인다. 여름에는 샤스타데이지가, 겨울에는 눈꽃이 새하얗게 피어 비경을 연출한다. 산속에 세운 아담한 건물까지 합세해 이곳에 선 이들을 황홀경에 빠뜨린다. 잠시 모든 걸 잊고 눈앞의 풍경에 온 마음을 내준다.

more RED · 육백마지기는 고산 지역이나 차를 타고 오를 수 있어 접근성이 좋은 편이다. 마지막 구간은 비포장도로지만 정상부까지 차량으로 이동하니 고마울 따름이다. 주차장과 화장실 등 편의 시설도 갖췄다. 빛 공해가 없고 시야가 탁 트여 별 보는 명소로도 꼽힌다.

another RED •

육백마지기 동생 육십마지기를 품은, 산너미목장

강원도에서 목장 하면 양 떼가 떠오른다고? 청옥산 자락에 있는 산너미목장에는 흑
염소가 뛰논다. 그렇다고 염소를 구경하러 가는 목장은 아니다. 수려한 강원도 산세
를 감상하고 자연 속 캠핑을 즐기는 곳이다. 시간대가 맞으면 무리 지어 다니는 염
소도 볼 수 있다. 아름다운 산 뷰를 자랑하는 이곳은 '차박' 캠핑 명소로 입소문을
탔고, 드라마 〈슬기로운 의사생활 2〉 캠핑 장면을 촬영하기도 했다. 트레킹 코스만
이용해도 된다. 트레킹 코스 정상부의 전망이 육백마지기에 견줄 만큼 아름다워, 목
장지기가 '육십마지기'라는 애칭을 붙였다.

강원 평창군 미탄면 산너미길 210 | 0507-1396-8122
www.instagram.com/sanneomi.farm

강원도 산골에서 즐기는 유럽식 티타임, 그리심

초록빛 산이 에워싼 터에 빨간 지붕을 인 집 한 채가 차분히 앉았다. 잔디밭에는 유럽 소도시의 광장에서 볼 법한 분수대도 놓였다. 나무로 만든 오두막이 이국적인 정취를 더한다. 계절별로 갖가지 꽃이 피어나고 잔디밭에서 강아지가 뛰논다. 내부에는 앤티크 가구와 그릇, 소품이 가득하다. 머무는 내내 여기가 강원도 산골인지, 유럽 어디쯤인지 기분 좋은 혼란에 빠진다.

강원 평창군 평창읍 제방길 33-6 | 010-9442-4197
www.instagram.com/cafe.gerizim

포항
스페이스워크

·

차갑고 날카로운
철의 굴곡

그래서 더 아름답고
그래서 더 오르고 싶은

—

#환호공원조형물 #우주를떠다니는
#아찔한쾌감 #도전해보고포기해도괜찮아

환호공원 조형물 스페이스워크

경북 포항시 북구 환호공원길 30
054-270-8282

the RED · 사진만으로 크기를 가늠할 수 없다. 하늘을 배경으로 아찔하게 휘말린 철 계단, 그 너머로 도시 풍경이 바다와 겹치고 굴곡진 형태 속을 거니는 개미만 한 사람들을 보며 어렴풋이 짐작할 뿐이다. 사진을 보자니 감탄과 어지러움, 쾌감과 불쾌감이 동시에 움찔거린다. 이 거대하고 기괴한 조형물을 배경으로 하든, 그 안에 있든 '스페이스워크'와 사진을 찍는 사람들의 표정에도 많은 감정이 스친다. 높은 곳을 무서워하는 사람이라면 절대 찾아갈 생각 없겠지만, 다녀온 사람들의 표정과 표현이 호기심을 자극한다. 눈앞에서야 그 크기와 형태에 고개를 끄덕인다.

오를까 말까, 헛디디면 어쩌지? 공짜라면 양잿물도 먹는다지만, 무료에 안전하다는 상주 안내원과 표지판 설명에도 발이 떨어지지 않는다. 오를 수 있는 데까지 가보자. 돌아서면 분명 후회할 테니. 스스로 다독이며 한 발 한 발 내딛는 것도 잠시, 자신의 한계를 빠르게 인정할지 모른다. 그래도 가보자. 아찔한 쾌감과 불쾌감이 눈멀게 하고, 욕망과 좌절이 몸과 마음을 분리해도. 마침내 자신의 한계와 맞닥뜨리고 다른 길 찾기를 이처럼 간단하고 빠르게 경험하는 것만으로도 차갑고 날카로운 철의 아름다움을 마주한 이유는 충분하다.

more RED · '스페이스워크'의 어지러움에 환호공원의 다양한 볼거리를 놓치긴 아쉽다. 공원에 포항시립미술관이 자리하고, 야외 정원에는 아담하고 아름다운 예술 작품이 많다. 환호공원길 맞은편은 작은 가게가 옹기종기 모여 있다. '지금, 여기서 행복할 것'이라는 문구를 발견할 때까지 골목골목을 돌다 보면 사람의 손에서 탄생한 예쁜 무언가를 발견한다.

바다 이미지를 그대로 담은 이가리닻전망대

닻 모양 바다 위 전망대지만, 평지를 걷는 우리 눈에는 닻 모양이 들어오지 않는다. 물결 모양 전망 덱과 빨간 모자를 쓴 모형 등대도 볼만하다. 하얀 기둥을 받치고 바다에 떠 있는 전망대가 온몸으로 바다를 표현한다. 전망대 앞 사유지인 솔숲, 전망대 계단 아래 이가리 몽돌해변과 갯바위 위로 새하얗게 부서지는 파도, 상쾌한 솔향기, 자그락거리는 파도 소리도 이가리닻전망대의 표정이다. 오래도록 바라봐도 지루하지 않은, 바다를 더욱 빛내주는 전망대다.

경북 포항시 북구 청하면 이가리 산67-3 | 054-270-3204

파도와 바다색 그래서 눈부신, 케이프라운지

'케이프라운지'는 풀 빌라 스타스케이프의 라운지 카페다. 맘씨 좋은 펜션 주인이 숙박객 외 방문객에게도 오픈하면서 해안 카페 명소가 됐다. 구조가 독특한 새하얀 건물은 외벽 사이사이로 바다를 슬며시 보여준다. 시시각각 달라지는 하늘을 담아 내는 중앙 인공 물결 역시 이곳이 유명해지는 데 일조했다. 카페뿐만 아니라 숙소까 지 탐하고 싶은 공간의 힘이 가득하다. 성수기나 주말, 어떤 이슈가 있을 때는 공개 하지 않기도 한다.

경북 포항시 남구 호미곶면 구만길 224 | 0507-1426-2154
www.starscape.co.kr

화성
로얄엑스플래그쉽

·

익숙한 것이
낯선 아름다움으로
다가오는

욕실의
대반전

—

#욕실이이렇게예뻐도돼? #욕실쇼룸 #이런샷처음 #욕실카페

로얄엑스플래그쉽

경기 화성시 팔탄면 시청로 895-20
031-354-8115

the RED · 여기는 신세계인가. 문을 열고 들어서면 보이는 모든 것이 너무나 익숙하면서 낯설다. 국내 최대 규모 욕실 쇼룸 로얄엑스플래그쉽은 개성 넘치는 영감으로 가득하다. 원과 선, 사각형과 다각형으로 된 수많은 욕실 부스에 눈이 번쩍 뜨인다. 이처럼 예쁜 욕실이라면 나오기 싫을 것 같다. 사자 발이 달린 고급스러운 욕조와 물결 모양 세면대, 이국적인 무늬가 새겨진 타일 등은 예술 작품처럼 보이기도 한다. 몇몇은 통째로 집에 옮겨 오고 싶다. 욕실에 대한 모든 것이 전시된 이곳에선 수전 하나, 평범한 변기 뚜껑조차 심상치 않은 이미지를 남긴다. 욕실과 세면대, 화장실을 테마로 꾸민 포토 스폿도 그냥 지나치기 힘들다.

more RED · 로얄엑스플래그쉽과 나란히 자리한 '로얄엑스클럽'은 욕실 콘셉트로 꾸민 브런치 카페다. 독특한 인테리어는 물론 몽환적인 대중목욕탕 포토 존, 신비로운 욕조, 세면대 테이블이 신선하고 감각적이다. 깔끔하고 세련된 공간만큼이나 식사와 음료도 훌륭하다.

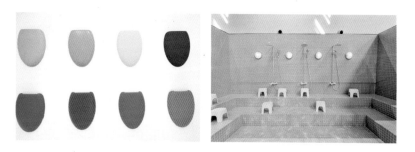

another RED •

숲속 마을에 벌어진 축제 같은 곳, 더포레

이 길이 맞나, 싶을 즈음에 '더포레'가 나타난다. 유럽식 농장을 모티프로 한 베이커리 카페다. 온실과 야외 정원, 우드 캐빈 등 어디에 앉아야 하나 고민이 될 정도로 다양한 좌석을 갖췄다. 꽃과 허브 향이 풍기는 온실도 예쁘고, 분위기 있는 우드 캐빈은 프라이빗 공간이다. 건초 더미와 장화, 삽 등 농장 테마 포토 스폿이 많아 사진 찍는 재미도 있다. 갓 구운 빵과 진한 커피를 곁들이면 완벽한 하루가 된다.

경기 화성시 향남읍 두렁바위길 49-13 | 031-352-9291
www.instagram.com/thefore_4

아름다운 낙조와 만나는 궁평항

아담한 항구는 한적하고 평온한 분위기가 흐른다. 특별할 것 없는 항구에 해가 질 무렵 반전이 벌어진다. 오렌지빛이 번지는 하늘과 붉은 물결이 파도치는 격정의 시간, 마음을 빼앗기고 한참 바라보게 된다. 나무 덱이 이어진 궁평낙조길을 따라가다 보면 해가 수평선 너머로 사라진다. 아쉬운 마음에 발길을 돌리지 못하고 서성거리는 사이, 남은 노을이 더욱 신비로운 빛깔로 화답한다.

경기 화성시 서신면 궁평항로 1049-24

the writer's pick!

•

—

김수진

나에게 예쁜 곳은 '수진의 세포'에 따라 결정된다. '나이 들어가니까'라는 어쭙잖은 핑계로 틈만 나면 게을러지려는 감성 세포, 요즘 조금씩 시큰둥해지려는 여행 세포, 호시탐탐 세를 넓힐 기회를 엿보는 불안 세포가 주된 구실을 한다. 감성 세포와 여행 세포를 다시 '열일'하게 만드는 곳, 불안 세포의 확장세를 막아주는 곳이 예쁘다.

나라는 단순한 사람에 공생하는 세포도 단순하다. 이들을 어르고 달래는 데는 대단한 무엇이 필요치 않다. 어느 순간 코끝을 스치는 매혹적인 커피 향, 머리칼을 해집고 두피에 와닿은 한 줄기 바닷바람, 누군가의 '금손'에서 태어난 감각적인 공간, 오늘과 내일이 결코 같을 수 없는 황홀한 노을, 해외 여행지의 추억을 되살리는 아름다운 풍경, 어느 해변이나 카페에서 흘러나온 힙한 음악⋯. 찰나일 수도 소소할 수도 있지만, 나의 세포를 움직이는 그 무엇이 있는 곳이 예쁘다.

나의 세포가 작용 반작용의 법칙에 따라 멋대로 움직이려 할 때, 이곳으로 향한다.

the writer's pick!

•

—

김애진

거울 볼 때가 제일 예쁘다고 말하고 싶을 만큼, 내 모습이 잘 스며드는 그곳이 예쁘다. 세월의 흔적이 묻은 재생 공간과 골목을 돌아다니다 그 동네 어르신과 이야기를 나누는 내가 예쁘고, 카메라에 담을 것 천지인 곳에서 비지땀 흘려가며 애쓰는 내가 예쁘다. 5분의 정적에 5일은 행복할 순간의 빛과 어둠을 볼 줄 아는 내가 예쁘고, 나아가고 싶은 욕구와 돌아가고 마는 절망이 뒤엉킨 기분을 분별하는 내가 예쁘다. 그곳에 잘 어울리는 내 모습을 발견할 때, 나도 그 장소도 더없이 예쁘다.

그래서 다시 찾고 싶은 곳을 나는 예쁜 곳이라 추천한다. 지인이 풀어줄 수 없는 우울에 빠졌을 때, 내가 좋아하는 일이 떠오르지 않을 때, 스스로 할 수 있는 일이 아무것도 없을 때… 가고 싶은 곳이다. 생각 없이 깔깔거리고 싶을 때, 남의 동네에서 아웃사이더 놀이하고 싶을 때, 주변 사람들은 모르는 전혀 다른 내 표정이 보고 싶을 때도 찾고 싶다.

그리고 내 모습이 더없이 밉고 싫고 예쁘지 않을 때, 이곳으로 간다.

the writer's pick!

•

—

정은주

첫눈에 반하기보다 천천히 스며드는 곳이 예쁘다. 순간의 화려함보다 시간이 지날
수록 빛나는, 오래 두고 봐도 질리지 않는, 설렘이 두고두고 떠오르는, 보고 또 봐도
자꾸 돌아보게 되는 곳이 예쁘다. 시각적인 이미지에 매몰되지 않고 사람들의 따스
한 마음과 자연의 손길이 닿은 공간에 먼저 눈길이 간다.

작은 풀꽃이라도 들여다보면 저마다 매력이 있다. 떨어진 꽃잎에도, 반짝이는 물결
에도, 흘러가는 구름에도 예쁜 구석이 있게 마련이다. 곰삭은 젓갈처럼 오래 묵어
숙성된 풍경도 한껏 예쁨을 발산한다. 그 품에 너와 나, 우리가 자연스럽게 녹아들
수 있는 곳이 나는 예쁘다. 추천 장소가 제주 동쪽에 몰려 있는 건 순전히 취향을 따
라간 편애의 흔적이다.

메마른 논처럼 감성이 무뎌지고 마음이 허할 때, 이곳을 떠올린다.

the RED 예쁨 여행

초판 1쇄 발행   2022년 7월 18일
글 사진   김수진 김애진 정은주

발행인   김애진
교열   김지영
디자인   이수정 Fondantdesign
사진 도움   김도형 여가콘텐츠

발행처   여가콘텐츠 FreeTimeContents
출판신고   2017년 7월 31일 제2017-000010호
주소   인천 미추홀구 경원대로 717
전화   010-8951-2148
이메일   aj_foto@naver.com
블로그   blog.naver.com/aj_foto
인스타그램   @freetimecontents

여가로운삶

ISBN   979-11-978377-0-8 13980